凤凰汉竹

汉竹主编・健康爱家系列

玩转厨房：
做出家常好味道

孔瑶 编著

汉竹图书微博
http://weibo.com/hanzhutushu

江苏凤凰科学技术出版社
全国百佳图书出版单位

辣子鸡

黑椒牛肉粒

锅包肉

当前人们陷入了一个怪圈——每天在纠结"吃什么"，幻想着美食盛宴，到了最后却往往选择食堂、外卖甚至泡面。谁没有一个回家好好吃饭的想法呢？谁不想在亲朋聚会中亲手做一桌倍有面子的菜肴呢？但理想很丰满，现实太骨感。上班族没时间，"手残党"做不好，"文艺小清新"又看不下去枯燥的菜谱……在这喧嚣浮躁的时代，不想做饭也许只需要一个理由。

读到这儿，相信你正露出会心一笑。那赶快翻开这本美食版"答案之书"，美食名博孔瑶十年的厨房实战经验回顾，从上千道菜谱中秉持着"易做、好看、美味"的原则，精挑细选出102道"有态度、有温度"的家常菜，定能唤醒你的厨师之魂，激发对亲手做美食的兴趣！

本书一菜一视频、一步一配图，让厨艺新手也能零失败；蟹黄炒饭、喷香羊肉焖饭、芝士焗饭，再来点各类小吃，让上班的你在短短十几分钟内就做好中午的便当。还有别出心裁的原创食谱，一锅多用、一菜多做的省事巧法，厨房小家电的使用秘籍，堵住任何你不想做饭的借口。

单纯懒得不想动？那就手机扫一扫，加入微信粉丝群。上万粉丝一同奋斗，美食小秘书时时鼓励，与作者面对面交流，轻松破解下厨难题，懒人也能下厨房。

目录

壹

从容下厨
烹制家的味道

贰

肉！肉！肉！
就是要吃肉

叁

荤素搭配
是王道

肆

鱼虾蟹，
鲜满锅

伍

有滋有味的
蔬菜豆腐

陆

有饭有菜
一锅出

柒

美味小吃
轻松做

酥香茄合

玉米烙

壹

从容下厨

烹制家的味道

铁锅

　　铁锅，一来有质感，翻炒菜看有手感；二来做出的食物味道好，热锅凉油下入食材，锅壁薄，升温快，食材快速翻炒，既能保证食材内部水分不流失，又能保证食物鲜嫩不焦煳。最主要的是铁锅炒出来的菜有"锅气"，什么叫"锅气"？就是以前家里大锅大灶的感觉，调料与主料完美融合，还带着一股诱人的焦香。

　　一口好的铁锅，价格基本不会低于 500 元，好的铁锅会越用越好用，甚至能用上一辈子。不过任何铁锅都有一个共同的缺点，就是容易生锈，需要定期保养。

铸铁锅

　　铸铁锅本身的特色是锅体厚重、敦实耐用、内部纹路粗糙。对比一般的铁锅，铸铁锅加热起来升温慢，但能在持续加热的情况下，将热量储存起来，保温效果非常好，适合用来煲汤、炖肉，能展现食材的原汁原味。

　　如果是新买回来的铸铁锅，在使用的初期应避免烹饪番茄等较酸的食材，尽量多烹饪重油的食物，以在锅底形成天然保护膜。在烹饪结束后用清水洗净，开火烧干，不留水渍，尽量不要用洗涤剂进行刷洗，否则容易生锈。

琅锅

珐琅锅是由珐琅和铸铁两种材料制作而成的，因在保证自带高颜值的同还有着导热快、受热均保温好的优点。平时用炖鸡、炖排骨的话，起码买直径24厘米以上的，样空间才足够。

在使用中，外涂珐琅，含铸铁的珐琅锅用途广既能放在明火上炖煮又可以把整锅放进烤箱烘焙、焗饭和布丁。如果考虑本身较高的价格，过享重大概是珐琅锅唯一快点。

不粘锅

随着锅具涂层与材质的进步，现在的不粘锅已经越做越好，只要不是特别廉价劣质的，煳锅的情况几乎不会出现。

使用不粘锅重点关注两个方面，一是使用方法，二是使用年限。平常炒锅用的铁铲，很容易损坏不粘锅的涂层，因此最好备上一把木铲，硅胶的也可以。在使用年限方面，推荐两年一换，因为好的不粘锅最多也就用两年时间，若是发现涂层被刮伤更要及时更换，不然就会出现煳锅情况。

砂锅

除了不能炒菜外，炖菜、焖肉、煲汤、煮粥、熬药，砂锅样样全能。

砂锅的材质是陶土，相对于铁铝合金锅来说，保温性好，受热均匀，适合小火慢炖，还不容易导致营养流失。同样煮一种东西，铁锅里的水会慢慢烧干，但砂锅里的不会。因此，砂锅炖出的汤滋味醇浓，能牢牢锁住食材中的大部分营养成分与鲜味。由于砂锅材质的不同，购买前要自己看好说明，有些砂锅并不能在电陶炉上使用。

蒸锅

用蒸锅来做菜不仅方便，而且健康。利用水蒸气来加热食物，不仅避开了油烟，而且能够激发食物本身的天然滋味。在清理养护方面，只需用小苏打或白醋定期清除水垢，简单方便。

雪平锅

雪平锅被称为美食界的战斗机，焯、烫、熬、煮，样样精通。亲切的木质手柄，轻巧的不锈钢锅体，导热速度快，清洗方便。推荐每个家庭都备上一个，是炒菜做饭时的"救场小能手"。

平底锅

平底锅导热快，受热积大，重量轻，最适合做蛋、牛排、三文鱼之类的手美食。在使用前要关使用说明，只有标明磁通平底锅才可以在电磁炉使用，锅底大小与平滑度需要仔细挑选。

琥珀锅

透明的琥珀色耐热玻璃，非常坚固耐用，从入锅到沸腾，食物变化一目了然，能让下厨做菜成为一种艺术享受。

塔吉锅

高盖帽是塔吉锅的特色，三角圆锥的造型能使烹煮食物时产生的水蒸气在到达盖壁后液化为小水滴，然后附着在盖壁上，最后均匀地循环到锅底，充分保留食物的本味和营养价值。

省力小家电

电饭锅

电饭锅除了日常煮饭、煲粥以外，还有蒸、煮、炖、煨、焖等多种功能。从炖鸡汤、焖排骨饭到做蛋糕，美味一锅搞定。

蒸箱

家用的话，嵌入式的蒸箱比较多，价格普遍都不便宜。与蒸锅相比，蒸箱的空间更大，提供分层，适合喜欢蒸菜又对自身厨艺有追求的人群。

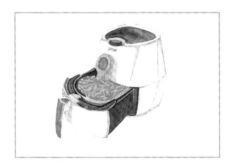

空气炸锅

对于喜欢吃油炸食物的朋友，空气炸锅是必备的神器。比烤箱熟得快，口感也较好。炸薯条、烤鸡翅、烤红薯……这些都可以自己在家轻松做，省油又健康。

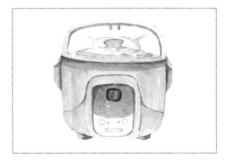

高压锅

做菜需要有统筹性，比如家里来客人了，砂锅现炖肯定来不及，这时候只能靠高压锅来救场了。30分钟就能搞定一盘红烧猪蹄，肉质软烂细嫩，口感也许会比用普通锅具长时间炖煮的要差，但胜在省时省力。

烤箱温度计

烤箱不是精密仪器,温度不可能恒定无误差,有的烤箱温度和实际温度差距比较大,可能会存在40℃左右的温差,因此需要购买一个烤箱温度计以测量实际烤制温度。

面包机

面包机是烘焙爱好者的好帮手。虽没有厨师机揉面那么专业,但胜在价格亲民,操作简单。除了做面包外,它的功能还有很多,果酱、发酵米酒、自制肉松等工作都可以胜任。

厨师机

厨师机算是每个烘焙发烧友都向往的厨房神器,用来揉面,打蛋白、蛋液非常方便,还能轻松承担汁、绞肉、切菜等工作,点就是价格比较昂贵。

烤箱

现在烤箱已经非常普及了,无论是台式还是嵌入式,它们都是通过热风循环来工作。使用烤箱前要先摸清它的"脾气",控制温准是烤出美味的第一步,采用电子触控的烤箱,要比机械旋钮的温度控制更精准。

烤盘

烤盘有方形、圆形等多种造型以及各种材质的模具,长方形烤盘容易烤煳四个角及边缘,烘培新手建议选择受热均匀的圆形烤盘。

金属烤盘传热快,但不好清洁,玻璃烤盘传热慢,但易清洁。

破壁机

破壁机就是功能更大、转速更高的榨汁机,榨汁机能做的,破壁机以做得更好,对于榨汁一些不太完善的功能也所改进,如研磨豆子,做糊、奶昔、果酱等。

原汁机

原汁机是一款专门为榨果汁而生的机器，转速越慢越好，利用重力研磨，慢慢将汁水从水果果肉中压出来，出汁率、果肉分离程度等，是选择原汁机的重要指标。

发酵箱

与以前盖个被子发酵馒头坯原理相同，现在的发酵箱通过机械智能控制，将湿度、温度控制在合适的范围内，创造了一个恒温恒湿且没有细菌的干净环境。

电饼铛

电饼铛功能强大，是做早餐的不二之选。摊得了饼，煎得了蛋，烤得了肉串，烙得了锅盔……没有复杂的按键，通上电，就能轻松达成每天早餐不重样的目标。

酵素机

酵素其实并不是什么科学理念，就是日本人对"酶"的叫法而已。酵素机是利用细菌来发酵制酶机器，可以用来做各类水果酵素、酒酿和酸奶。

华夫饼机

可以根据自己喜好更换模具，让早餐吃得更有花样与情调。下午茶时间也可以自制一块华夫饼，配上一杯红茶，惬意十足。

自动炒菜锅

自动炒菜锅，懒人必备，最大的优点在于自动防溢和自动收汁两大功能，可以腾出手去做别的事，省电省油无油烟，到了冬天还能当火锅用。

在选购肉类时,主要观察色泽与触感:一是要看,挑颜色红润、脂肪纹路清晰的
二要摸,挑摸上去没有黏性,用手挤压表面松开后会反弹回来,闻起来有鲜香味的。

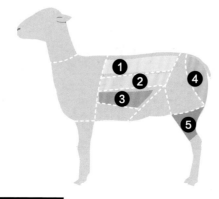

羊肉

① 羊外脊肉

位于脊骨外面,呈
条形,长如扁担,俗称扁打
肉。外面有一层皮带筋
纤维呈斜形,肌肉细腻,[
质鲜嫩,是分割羊肉的.
乘部位,由于出肉率太(
尤为珍贵。

① 牛胸肉

牛胸部位是牛呼吸
进食时经常涉及的运动
位,肌肉得到锻炼,十分
壮,蛋白质含量高,肌肉
维多,脂肪含量低。有
有皮,肥瘦相间,肉味
郁,适合炖煮。

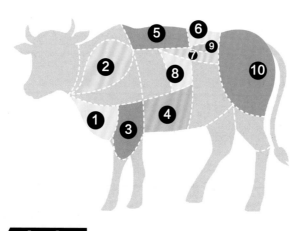

牛肉

⑥ 西冷牛排

又称沙朗牛排,是牛
脊肉,含一定肥油,口感
度好,吃起来有嚼劲。

②羊里脊肉

　　紧靠脊骨后侧的小长条肉，因为形似竹笋，又称"竹笋羊肉"，肌肉纤维丰富细长，蛋白质含量高，脂肪含量低，肉质细腻，口感鲜嫩。

③羊肋排肉

　　连着肋骨的肉，肥瘦互夹而无筋，外覆一层层薄膜，肥瘦结合，越肥越嫩，脂肪覆盖率好，质地松软，鲜嫩，含有丰富的蛋白质和氨基酸。

④尾龙扒

　　位于羊臀尖的肉，俗称"大三叉"，肉质较好，纹理顺畅，肌肉纤维丰富，上部有一层夹筋，去筋后都是嫩肉，细嫩程度接近于西冷。

⑤羊腱子肉

　　大腿上的肌肉，肉里带筋，硬度适中，脂肪较少，纹路清晰，炖煮后稍带肉质纤维，颇有嚼头，适合卤制或烧烤。

②牛肩肉

　　肩胛肉中最接近头部的肉，肉厚而软，纹理细腻，间有凝脂，纤维较细，口感滑嫩，适合切片烧烤或者用于涮火锅。

③牛腱

　　位于牛的肩膀到前腿的部位，这是牛运动时的活动部位，蛋白质含量高，脂肪相对较少，烤制后吃进嘴里，颇有嚼劲。

④牛腩

　　牛腩位于牛腹五花肉下方，肌理相对粗糙，肉质松紧适中，煮熟后口感粗中有细，嚼起来有层次感，肉味浓郁。

⑤牛脊骨

　　牛脊骨两侧肉质紧实鲜嫩，脂肪分布均匀，牛骨头内含有大量骨髓，最适合用砂锅慢熬细炖，将浓郁肉香与鲜美骨汤完美交融。

⑦菲力牛排

　　在西冷内侧，属于牛里脊肉，越往里面越细嫩，特点是瘦肉多，高蛋白，低脂肪。

⑧肋眼牛排

　　肋眼的嫩度仅次于菲力，有漂亮的大理石状油花。口感细嫩，比西冷耐嚼，比菲力多汁。

⑨T骨牛排

　　牛背上的脊骨肉，呈T字形，一份牛排享受两种口感，一边是西冷的鲜美，另一边是菲力的软嫩。

⑩牛臀肉

　　牛臀肉位于后腿近臀部，外形呈圆滑状，因此又称为"和尚头"。脂肪含量少，口感略涩，适合炭烧、烘烤、盐焗。

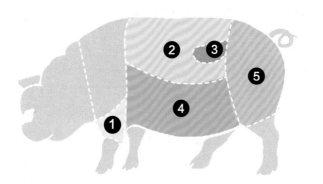

① 前腿肉
　　猪前腿肉属于经[常活]动的部位，肥瘦相间，[筋]较多，肉质较嫩，适于[熘]熘炒，也是做饺子馅或[包]子的良好食材。

猪肉

① 鸡里脊
　　整片胸脯内侧的[肉]，鸡全身上下活动最少[的]肉组织，此处的肉质最[鲜]嫩，而且脂肪含量少。

鸡肉

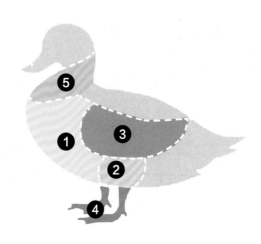

① 鸭胸肉
　　软嫩的鸭胸[肉]嚼劲十足，口感[香]而不腻，带有鸭[肉]独特的清香味。[很]适合轻煎，搭配[带]酸甜的酱汁，可[以]解除鸭肉的油腻[感]。

鸭肉

② 大里脊

整个猪的中央位置，两肩后到腰背侧的肉，肉质呈淡红色，有均匀、质软、纹理细腻等特点，而且汁含量多。

③ 小里脊

小里脊是大椎骨内侧的一小块肉，同时也是猪肉中最嫩的肉。质软、纹路细腻、脂肪含量少，切片、丁、块都不在话下，煎炒煮炸都是美味。

④ 五花肉

通常为一层肥肉、一层瘦肉夹层排列，排列可多达五层，脂肪与瘦肉分布均匀的为上品五花肉，适合红烧、炖煮和粉蒸。

⑤ 后臀肉

臀尖上方的瘦肉，肉质与里脊相似，可用于炒、炸、熘等，臀尖下方部位的肉质，常常带有较长的纤维，多用来制作白切肉和回锅肉。

---

② 鸡胸脯

鸡胸正面，看上去和里脊肉没什么区别，但肉质上却要比里脊肉更加紧致，所以吃起来也会更有嚼劲。

③ 鸡翅

从翅膀尖端到肘部都属于鸡翅部分，是整个鸡身最为鲜嫩可口的部位，烤、炸、红烧都好吃，推荐烧烤时带骨一起烤，味道更鲜美。

④ 鸡腿肉

整只鸡最多肉的部位，肉多而瘦，肉质坚实，可分为鸡上腿和鸡下腿(鸡的大腿和小腿)。

⑤ 鸡爪

又称"凤爪"，是鸡的脚爪，质地紧密，弹性十足。既能作为家常零食，亦可成为餐桌上的面子菜。

---

② 鸭腿肉

肉色呈深红色，非常肥美，相对于胸肉，鸭腿肉会微微韧一点，口感较硬，适合红烧、小炒或炭烤。

③ 鸭翅

鸭翅肉少，不油腻，比鸡翅多了一分嚼劲，适合做成卤制品。

④ 鸭掌

鸭掌是鸭的运动基础部位，筋多有嚼劲，皮厚含汤汁，肉少易入味，炖汤或入卤都好吃。

⑤ 鸭脖

鸭脖肉质肥厚紧实，筋道耐嚼，伴有骨髓特有的鲜香。家常自制的话，建议鸭脖洗净后用香料浸泡一段时间，方便入味。

鲫鱼

　　新鲜的鲫鱼，鳃盖紧闭，鳃色泽鲜红，表皮鳞片完整，鳞层鲜明有光泽，刺多肉薄，适合炖煮。

带鱼

　　鱼体颜色多为银白色，鱼鳞分布均匀、有光泽，肉质具有弹性，烹饪前一定要把内脏中黑色的膜去除，这样可以减少带鱼的腥味。

黄花鱼

　　黄花鱼刺少肉多，嫩肥美，其腹鳍部会带有显黄色，但鱼嘴与鱼鳃周几乎都是白色的，如果过则说明其不新鲜或者是过色。

鱿鱼

　　挑选鱿鱼时，选择体形完整、肉质结实、表面略有白霜的，一般眼部明亮有神的比较新鲜。

螃蟹

　　吃蟹讲究"九雌十雄"，指的是农历九月吃母蟹，农历十月吃公蟹，在对的季节吃对的蟹，口感才是最好的。

河虾

　　河虾营养丰富且肉细嫩，含有丰富的镁、磷、钙等元素，对孕妇和孩子有补益功效。清水煮制油爆尤为美味。

斩骨刀

刀身较重且厚实，刀刃锋利，适合处理像牛脊骨这般坚硬的食材。

切片刀

刀刃薄而锋利，刀身细长，拿在手中相对较轻，切片方便。

水果刀

刀身轻盈且相对较小，使用方便灵活，多用于削水果、蔬菜等。

刨刀

刀片较薄，可用来快速削除蔬菜或水果的表皮。

剪刀

刀身轻巧，可用来剪鱼鳃、蟹脚、虾须等。

压蒜器

一般为不锈钢制成，可以把蒜瓣压成很细的蒜蓉。

锅铲

多为不锈钢制成，质感轻，翻炒容易且隔热，亦有不粘锅专用的木制锅铲。

漏勺

一般为铝制品，用来捞取饺子等汤油分离的食物。

汤勺

用于盛汤和捞取食物。小汤勺可以用于调味料的取用。

孜然粉

孜然粉气味芳香而浓烈，适合烹调肉类，在烧烤牛羊肉时撒上一些，可提味增鲜。

五香粉

将5种以上的香料研磨成粉状混合而成，常在煎、炸前涂抹在鸡、鸭等肉类上。

咖喱粉

咖喱粉由多种香料混合而成，以其调制的菜肴色泽鲜明，辛辣带甜，香味独特。

花椒粉

花椒粉是一种用花椒制成的香料，是中国特有的香料，位列调料"十三香"之首。

辣椒粉

辣椒粉是由红辣椒、辣椒籽等碾细而成的混合物，具有辣椒固有的香味。

黑胡椒粉

黑胡椒粉在味道上比白胡椒粉更胜一筹，味辣厚重，香味浓郁。

辣椒酱

辣椒酱有油制、水制两种。前者用芝麻油和辣椒制成；后者用水和辣椒制成。

郫县豆瓣酱

郫县豆瓣酱的原材料有蚕豆、黄豆等，好的酱红油鲜亮，颜色棕红，劣质的则颜色暗沉。

沙拉酱

一种奶油状的黄调味酱汁，一般用作拉、三明治、面包等的味品。

叉烧酱

叉烧酱是增鲜加味的调味品，酱香浓郁，既可用于腌制叉烧肉，也可作为烧烤时的蘸酱使用。

番茄酱

番茄酱可增色、添酸、助鲜，用于蘸取或直接加入料理中调味，丰富口感。

甜面酱

甜面酱是以面粉为主要原料，经制曲和保温发酵而成的，甜中带咸，同时带有酱香味。

八角 / 桂皮 / 香叶

八角、桂皮、香叶都烹饪时不可缺少的好帮手。在烧、煮、炖、卤时加一些，可为食物添香。

百里香

百里香又称麝香草，口感略带一丝清苦，香气持久，气味辛香，常用于海鲜、肉类、鱼类等食品的烹调。

迷迭香

迷迭香香味浓郁，甜中带苦，在烹调中使用的量不宜过大，它特别的味道与大部分肉类都很搭。

白芝麻

白芝麻含油量高，口好，口味香醇，在料理的后添加适量熟白芝麻，观又美味。

芝麻油

通常用于增香，优质的手工研磨芝麻油为棕红色，香味比较浓郁，保留了芝麻的大部分营养成分。

老抽 / 生抽

生抽颜色淡味道咸，多用于炒菜或凉菜调味；老抽颜色深味道淡，常用于红烧类菜品着色。

贰

肉！肉！肉！
就是要吃肉

可乐鸡翅

扫一扫
跟孔瑶做美食

采购单 | 鸡中翅 8 个，可口可乐 1 听
调　料 | 小葱 1 根，姜 1 块，老抽、生抽、料酒各 1 小勺，盐、食用油各适量

姜洗净，切片 图1；小葱洗净，切小段与葱花；鸡中翅洗净，沥干水分，**面轻划几刀**，这样一是更入味，二是更容易熟 图2。

将葱段和姜片一起放入盛鸡中翅的碗中，调入 1 勺盐和料酒，搅拌均匀，入冰箱冷藏，腌制 1 小时以上（腌制时间越久越入味）。

如果买的是新鲜鸡中翅，腌制后就可以直接下油锅；如果是冷冻鸡翅，常常会有腥味，腌制后可以先将鸡中翅与姜片入冷水锅焯水，捞出冲干净再进行煸炒。

锅中倒入适量食用油，烧至六成热后下入鸡中翅煸炒。放入葱段、姜片，炒至两面焦黄，倒入可乐 图3。

大火烧开后调入老抽和生抽 图4，转小火焖煮约 20 分钟，调入盐。

大火收汁，**收汁时要不停搅拌防止煳底**，至汤汁浓稠后出锅。注意不要烧干，留一些汤汁味道会更好 图5。出锅时撒些葱花，看上去会更加诱人。

Tips

冷油温：一二成热。把筷子放入油中没有反应。

低油温：三四成热。筷子置于油中，周围会出现细小的气泡。

中油温：五六成热。筷子周围气泡变得密集，但没响声。

高油温：七八成热。筷子周围有大量气泡，并且有噼里啪啦的响声。

色泽红亮的鸡翅不仅口感嫩滑，还保留了可乐的香气，让人瞬间胃口大开。

1

2

3

西冷牛排

扫一扫
跟孔瑶做美食

采购单 | 西冷牛排 1 块，西蓝花 2 朵，白玉菇
4 朵，荷兰豆嫩荚 3 条，圣女果 1

调 料 | 黄油 10 克，沙拉酱 1 勺，黑椒汁
大勺，盐、黑胡椒粉各少许

　　买的冷冻牛排，**一定要提前半天**放冰箱冷藏室解冻。不要隔着包装袋把
排放热水里解冻，这样做会影响口感。解冻取出后，将牛排用厨房纸巾压一
吸去表面血水，两面撒上少许盐和黑胡椒粉 **图1**，用手抹匀，腌制 1 小时。

　　荷兰豆嫩荚去茎，西蓝花切小朵，白玉菇切段，放入锅中，加盐焯水后捞
备用 **图2**。

　　换上铸铁锅，铸铁锅是煎牛排的首选，可使牛排受热均匀，如果没有就用
底锅代替。大火烧热铸铁锅，然后转小火放黄油至熔化 **图3**，轻轻晃动锅
使其均匀涂满锅底。

　　下牛排 **图4**，煎至一面焦黄后翻面，两面都煎至焦黄 **图5**，喜欢吃熟
点的可以煎久一点。**两面分别煎 30 秒左右**，也就是五分熟了。判断牛排熟没
不需要切开牛排，准备一个厨用食品温度计，把它插入牛排中心，测测温度就
三分熟 55℃ 起锅，五分熟 60℃ 起锅，七分熟 65℃ 起锅。

　　开始摆盘，牛排成品颜色偏深，可以选配白色盘子，摆放好牛排后抹上
沙拉酱，配以西蓝花、荷兰豆嫩荚和白玉菇，圣女果切半点缀，再淋上 1 大
椒汁。

黑椒汁配上略带嚼劲的西冷牛排，瞬间激活寡淡的味蕾，在家也能拥有星级般的享受！

口水鸡

扫一扫
跟孔瑶做美食

采购单｜童子鸡1只

调 料｜小米椒、青杭椒各2个，小葱2根
姜4片，蒜2瓣，辣椒粉30克，
生30克，熟白芝麻15克，生抽
大勺，香醋、白糖各1小勺，玉
油适量，花椒油、芝麻油、白酒
葱花各少许

童子鸡洗净后冷水入锅，将2根小葱打结和2片姜一起放入锅中 图1
倒少许白酒去腥。大火烧开后转中火，煮15分钟关火，再闷8分钟。煮鸡肉
时间可以根据整鸡的大小适当调整，一定要煮软，**煮好后再闷一段时间**，直到
肉最厚的地方也能用筷子轻易扎透 图2 ，并且没有血水渗出。

　　准备一个大碗，倒入大半碗凉白开，将煮好的整鸡从锅中捞出，放入碗里
泡 图3 ，**直至彻底放凉**。如果有冰块也可同时放入碗中，用冰水泡过的鸡肉
感更佳。然后调制酱汁：小米椒、青杭椒切末，姜、蒜切细末，花生炒熟后用
面压碎，放在佐料碗中备用 图4 。

　　另取一小碗，放熟白芝麻、辣椒粉备用，往锅中倒入适量玉米油，烧至六
成热后倒入小碗，搅打成辣椒油。注意油温不要过高，否则会让辣椒粉变糊从
导致辣椒油发苦。佐料碗中倒入生抽、白糖、香醋、芝麻油、花椒油和辣椒
搅拌均匀 图5 。

　　将放凉的整鸡捞出沥水，切去头尾，再切块装盘，把调好的酱汁淋在鸡肉
撒上葱花 图6 即可。

Tips

最好选用童子鸡，就是仔鸡，一斤多重的小公鸡或未下过蛋的小
母鸡肉质最是紧实细嫩。没买到的话，也可以用三黄鸡代替。

鲜香的鸡肉，嫩而不柴，
浸透着花椒、辣椒的麻与辣，
光是看着就忍不住要流口水。

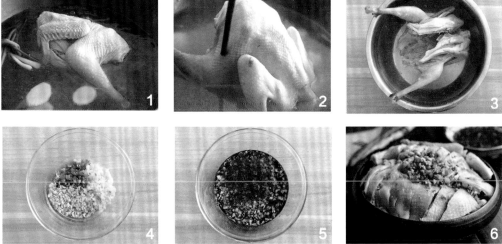

辣子鸡

扫一扫
跟孔瑶做美食

采购单	琵琶腿 4 个
调 料	小葱 2 根，姜 3 片，干辣椒 6 个蒜 3 瓣，生抽 1 大勺，料酒 1 小勺花椒、熟白芝麻、玉米淀粉、食油各适量

干辣椒先剪成小段备用。如果不是太能吃辣，可以把辣椒籽去掉一部分。

琵琶腿洗净，先划一刀，**再沿着鸡骨切开** 图1 ，剔除鸡骨，取下鸡腿肉小块，放入碗中。琵琶腿是鸡腿上鸡爪与鸡大腿之间的部位，肉质相较于鸡胸来说，嫩而不柴，很有嚼劲，如果觉得去骨麻烦，也可以不去骨，直接把琵琶剁成小块即可。

碗中倒入料酒、生抽、玉米淀粉，将其与鸡肉搅拌均匀 图2 ，腌制 20 分

锅中倒入适量食用油，烧至七成热，下入腌制好的鸡肉。**炸至金黄后捞出油** 图3 。

蒜切片、小葱切段、姜切丝。锅中留底油，下入蒜片、葱段、姜丝、花椒、辣椒，小火炒香 图4 。干辣椒容易炒煳，翻炒的时候要用中小火。再倒入炸的鸡肉、熟白芝麻，翻炒均匀 图5 后即可出锅。

Tips

冬天吃点儿辣可以促进血液循环，驱寒暖胃。相比于鸡胸肉，用鸡腿肉烹制的美食鲜嫩有嚼劲，口感是最好的。

鸡肉过油之后变得酥
香诱人，混合辣椒一起炒，
鲜红油亮、麻辣鲜香，闻着
就让人垂涎欲滴。

香烤鸡腿

扫一扫
跟孔瑶做美食

采购单 | 鸡腿 4 根

调　料 | 烧烤酱 1 勺，柠檬片适量，黑胡椒
粉、小葱、姜、蒜各少许

　　鸡腿肉可谓是鸡肉中的精华，肉质细嫩有嚼劲，配上烤箱，短短几个步骤，
金灿灿、香喷喷的烤鸡腿就能端上餐桌，特别适合既想品尝美食，又怕做不好
的厨艺新手。

　　鸡腿洗净沥干，**在表面划花刀**，这样方便酱汁入味 图1 。

　　将姜、蒜切片，小葱切段，一并放入盛有鸡腿的碗中，再调入烧烤酱和黑
胡椒粉 图2 ，如果没有黑胡椒粉的话，用白胡椒粉代替也可以。

　　用手抓匀并按摩数分钟后，**盖上保鲜膜腌制 3 小时以上** 图3 ，时间充
足的话，将鸡腿腌制过夜最佳。

　　烤盘上铺一层锡纸，放上鸡腿和柠檬片 图4 ，烤箱选择"纯烤功能"（上
部热风），温度 160℃，烤制 30 分钟，程序结束后出炉即可 图5 。

Tips

有关烧烤类菜谱，不同类型烤箱的温度与实际温度相差很大，文内给出的为大众烤箱的参考温度，具体温度还是要以自家烤箱为准，最好备上专门的烤箱温度计来调整。

自制卤牛肉

采购单 | 牛腱子肉 **800克**

调　料 | 姜1块，大葱2根，冰糖、盐各50克
老抽2勺，食用油、八角、桂皮
香叶、花椒各适量

扫一扫
跟孔瑶做美食

牛腱子肉先洗干净，入冷水锅焯水，煮两三分钟，至表皮变色后 **图1**，撇去浮沫，捞出。把牛腱子肉放凉水里浸泡，使肉质更加紧实。

锅洗净后倒入少许食用油，放40克冰糖（一整块的先用刀拍碎），开小火炒糖色 **图2**。**切记一定要开小火**不停地翻炒，否则很容易炒煳。炒至冰糖熔化变焦糖色，略微有小气泡时，倒入约300毫升的开水，烧开熬成糖水备用 **图3**。糖水较老抽而言，能使卤牛肉上色更好看。焯水后的牛腱子肉放入高压锅，倒入没过食材的开水，放八角、桂皮、香叶、花椒、10克冰糖、切好的姜片、葱段，再倒入糖水、老抽、盐，搅拌均匀 **图4**。

高压锅加盖，大火烧开，上汽后转小火，煮约25分钟后放汽，开盖。**高压锅揭盖前一定要放汽**。没有高压锅可用普通铁锅加盖小火慢炖约2小时，直至用筷子轻易戳透牛肉即可 **图5**。煮好后的牛肉立即取出，不要放在锅里久泡，否则肉质会过于软烂。

取出牛腱子肉，**放凉后冷藏一夜**。冷藏一夜更容易切片，吃起来口感也更佳。切牛肉时，顺着牛肉的纹理，切薄片。如果卤味不足，可搭配一些酱料蘸着吃。

Tips

　　香料不必多而全，可以根据自己的喜好自由调整。水要一次加足，若是中途发现水少，应加开水。卤制时间不宜过长，否则没有嚼劲，而且容易切碎，以筷子能够轻松插入为准。

香酥炸鸡排

扫一扫
跟孔瑶做美食

采购单｜鸡胸肉 2 块，鸡蛋 2 个

调　料｜料酒 15 毫升，盐少许，生粉、面包
　　　　糠、食用油各适量

　　每次逛夜市，必买的一个小吃就是油炸鸡排。如今，在家里也能做出和夜市一样的味道，最重要的是亲手做的更健康卫生，家人吃了也放心。

　　鸡胸肉洗净后从内侧划开，一分为二。用敲肉锤在切好的鸡胸肉上**敲打几下 图1**，这样能使肉质更软嫩。将鸡胸肉放入碗中，撒上盐，再倒入料酒，用手抓匀并按摩数下 图2，腌制 30 分钟左右。

　　碗中打入鸡蛋，划散成蛋液。将鸡胸肉正、反两面均匀地裹上一层生粉 图3，再将鸡胸肉放入碗中均匀地裹上蛋液 图4，最后将鸡胸肉**均匀地裹上面包糠 图5**。

　　锅中倒入适量食用油，烧至七成热后下入鸡排。鸡排煎至两面金黄即可出 图6，**用厨房纸吸去多余的油分**，放入盘中。

　　将炸好的鸡排切成大小适中的长条形，鸡排炸好后趁热吃口感更佳，食用时可根据个人喜好搭配番茄酱、孜然粉等佐料。

炸好的鸡排外酥里嫩，
配上酸甜的番茄酱，大口开
吃才满足！

红烧猪蹄

扫一扫
跟孔瑶做美食

采购单｜猪前蹄 **500** 克

调　料｜冰糖 **20** 克，八角 **1** 个，香叶 **1** 片
老抽、盐各 **1** 勺，小葱 **2** 根，姜 **1** 块
食用油适量

提到猪蹄，有一半人想到的是胶原蛋白，而另一半人会想到脂肪。但不管是脂肪还是胶原蛋白，都可以润滑皮肤，所以适当吃猪蹄后皮肤变滑并不是错觉。

首选猪前蹄，肉多也比较嫩，后蹄筋多，骨头粗大，处理起来不容易。猪洗净去毛，切块 图1 ；小葱洗净，切段；姜洗净，切片。

猪蹄冷水入锅焯水，大火煮至肉色变白 图2 ，浮沫溢出后，捞出沥水。

锅中倒入少许食用油，再倒入冰糖**开小火**炒糖色 图3 ，大约 30 秒，炒冰糖熔化，糖水变焦糖色即可。切记一定要开小火，不停地翻炒。如果糖色没好或者炒煳的话，那就需要重新开始。

倒入猪蹄，翻炒上色 图4 。放入姜片、葱段、八角、香叶，加入没过食的清水 图5 。

调入老抽，大火烧开后转小火，**炖煮约 1 小时** 图6 ，煮至用筷子可轻易透即可。调入盐，翻炒均匀，大火收汁后出锅。

猪蹄被炖煮得软烂绵糯、
入口即化，仅仅是表面红亮的
糖色就让人欲罢不能！

红烧鸡爪

扫一扫
跟孔瑶做美食

 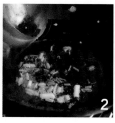  

采购单

鸡爪 10 只

调 料

小葱 1 根
姜 1 块
生抽 2 勺
料酒 1 勺
老抽 1 勺
盐 1 勺
冰糖 5 克
八角 2 个
花椒适量
食用油适量

将鸡爪剪去趾甲，剁 2 段备用。锅中倒入足量冷水，放入鸡爪，整个焯程不要盖锅盖。调入料酒，大火煮开**至浮沫溢出** 图1 ，捞出洗净，用厨房纸干备用；小葱洗净，切段；姜洗净，切片。

锅洗净倒入适量食用油，下入葱段、姜片、八角、花椒爆香 图2 。再倒爪，翻炒几下。调入老抽上色，倒入没过鸡爪的清水，调入生抽、盐、冰糖，烧开 图3 。虽然冰糖可以用白糖代替，但还是会有区别，除了口感较清甜夕糖会使鸡爪色泽更亮丽诱人。

转小火炖煮约 1 小时，**直至能用筷子轻易戳透鸡爪** 图4 ，适当收汁后t但要注意不要把汤汁收得太干。适当缩短炖煮时间，会使鸡爪紧实有嚼劲，色泽会偏淡一点。

椒盐凤爪

扫一扫
跟孔瑶做美食

鸡爪洗净，剪去趾甲；小米椒切末；蒜切末；小葱切段；姜切片。

锅中倒入适量的冷水，下入鸡爪、葱段、姜片后，调入料酒和 1 勺盐 **图1**，火烧开。撇去浮沫，转中火再煮约 15 分钟后捞出鸡爪，冲洗干净，沥干水分，老抽，**用筷子搅拌使上色均匀 图2**。

锅中倒入适量食用油，烧至八成热后，下入鸡爪 **图3**。**当鸡爪入锅后，第间盖上锅盖，防止热油溅出烫伤**。炸约 1 分钟至鸡爪表面焦黄后捞出，沥油。步的重点是高油温与短时间，不宜多炸，听不见爆油声即可揭开锅盖，用漏勺孔下盛出。

锅中留底油，下入蒜末、小米椒、花椒爆香。下入鸡爪，调入孜然粉和 1 小勺 **4**，翻炒均匀后即可出锅。

采购单

鸡爪 8 只

调 料

花椒 10 克
小米椒 4 个
盐 1 大勺
老抽 1 勺
料酒 1 勺
小葱 2 根
姜 1 块
蒜 3 瓣
孜然粉少许
食用油适量

黑椒牛肉粒

扫一扫
跟孔瑶做美食

采购单 | 牛里脊肉 250 克，杏鲍菇 2 个

调　料 | 青杭椒 1 个，红尖椒 3 个，蚝油
大勺，生抽、盐各 1 勺，黑胡椒粉
食用油各适量

　　杏鲍菇洗净切丁；青杭椒、红尖椒洗净切小段，放入盘中备用 **图1**。牛
脊肉切丁，**需垂直于牛肉纹路下刀**，这样切出来的肉丁更有嚼劲 **图2**。注意
里脊肉在切丁前，要先切去带筋膜的部分，保证牛肉口感嫩滑。

　　将切好的牛肉丁放入碗中备用。碗中调入蚝油、生抽、黑胡椒粉（如果现
的更好）**图3**，用筷子搅拌均匀，腌制 30 分钟。

　　锅中倒入适量食用油，下入腌制好的牛肉粒，迅速翻炒至牛肉表面变色 **图4**
捞出沥油。**牛肉粒不要炒太久**，否则吃起来会干硬。

　　另起油锅，下杏鲍菇翻炒至略微焦黄 **图5**。调入蚝油、黑胡椒粉，翻炒
匀。如果没有蚝油和黑胡椒粉，也可用现成的黑椒酱调味。

　　倒入青杭椒、红尖椒、炒好的牛肉粒 **图6**，调入盐，翻炒几分钟后出锅

牛肉嫩而入味,搭配鲜美的杏鲍菇,再以红尖椒、青杭椒点缀,可以说是色香味俱全了。

酸汤肥牛

扫一扫
跟孔瑶做美食

采购单	肥牛卷1盒，土豆粉1袋，金针菇100克
调　料	黄灯笼辣椒酱500克，青杭椒1根，小米椒3个，泡椒50克，蒜末10克，料酒、白醋各1勺，盐、白糖各小勺，大豆油适量

将泡椒、黄灯笼辣椒酱放入破壁机中，搅打混合 图1 ，倒入碗中备用。椒与黄灯笼辣椒酱的比例控制在1∶10口感最好。

锅中倒入适量大豆油，烧热后取一半蒜末倒入锅中爆香 图2 。将搅打的辣椒酱倒入锅中，翻炒均匀，小火熬制20分钟，**至汤色金黄透亮** 图3 。椒酱可一次性多做一点，装入干燥的密封罐中，放入冰箱冷藏保存，风味大约维持7天。

青杭椒洗净，切段；小米椒切碎；肥牛卷洗净，取锅倒水，烧开后下入肥卷，倒入料酒，煮至变色后捞出备用 图4 。肥牛卷肉质容易老，**焯水的时间宜过长**。

另取锅，倒入少许大豆油，放入剩余的蒜末爆香；倒入清水烧开，放洗净金针菇、土豆粉，调入白醋、盐、白糖，舀入1勺制作好的辣椒酱，搅拌均匀，约1分钟 图5 。放入肥牛卷，撒上杭椒段、小米椒碎 图6 ，煮约2分钟后出食材放入碗中。

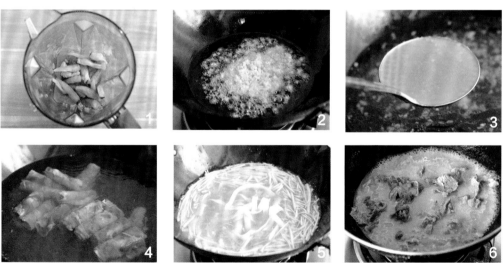

Tips

做酸汤肥牛，黄灯笼辣椒酱是必备的，它能让这道菜酸得入味、辣得过瘾。常见做法只用现成的黄灯笼辣椒酱调味即可，但额外加入少许泡椒，与黄灯笼辣椒酱一起熬制，会让味道更香浓、更酸爽。

蜜汁叉烧

扫一扫
跟孔瑶做美食

采购单｜猪梅花肉 500 克

调　料｜生抽 1 勺，叉烧酱、蜂蜜各 2 大勺，
　　　｜姜 2 片，小葱 3 根，蒜 3 瓣

　　小葱洗净切段；蒜瓣放入压蒜器压成蒜末；梅花肉洗净，切大块。将叉烧酱、蜂蜜、生抽倒入碗中，搅拌均匀成酱汁 图1 。蜂蜜不能用白糖代替，因为它仅可以提味，还能使叉烧的色泽更红亮诱人。

　　另取一碗，将沥好水的梅花肉放入碗中，放入姜片、蒜末、葱段，倒入适调制好的酱汁 图2 ，用手抓匀，盖上保鲜膜 图3 ，放入冰箱冷藏腌制 12时以上。记得**用手按揉梅花肉**，可以使其更快地吸收酱汁。

　　取腌制好的梅花肉放于铺了锡纸的烤盘上 图4 ，放入烤箱，选择**温180℃，时间 30 分钟**。程序结束后取出翻面，刷上酱汁后 图5 ，再选择温180℃，时间 20 分钟即可 图6 。取出晾至微凉，切片装盘。

　　没有烤箱的情况下，也可以用空气炸锅，选择温度 200℃，时间 20 分钟，途记得翻面刷酱。

Tips

　　梅花肉是猪肩胛骨附近的肉，肥瘦相间肉质软嫩，最合适做叉烧。好的梅花肉白脂粉肉相互交错，如梅花状，如果肉质颜色较淡，白色筋膜较少，可能夹杂里脊肉，品质不佳。选好梅花肉，蜜汁叉烧就已经成功了一半。

烤至焦黄的梅花肉表
层薄脆红亮，带着股诱人
的蜜香味，一口咬下甜而
不腻，鲜美多汁。

红烧排骨

扫一扫
跟孔瑶做美食

采购单| 猪排骨 300 克

调　料| 老抽、料酒、盐各 1 小勺，白糖、生抽各 1 勺，干辣椒、八角、小葱、姜各少许，食用油适量

做红烧排骨选用肋排或小排最佳。排骨洗净倒入锅中，加料酒焯水，煮至浮沫外溢，排骨变白 图1 即可捞出。

焯水的排骨冲洗干净后放入凉水中浸泡，这样会使肉质更加紧实，有嚼劲。接着将小葱洗净切段；姜洗净切片。

锅中倒入适量食用油，烧热后下入葱段、姜片、八角、干辣椒爆香 图2 。

下入排骨煸炒，煸出肥油 图3 ，炒至排骨表面微微焦黄，稍带焦香更添排骨风味。调入老抽，翻炒均匀上色 图4 。

锅中倒入没过排骨的清水 图5 ，排骨在加水焖煮时，水最好一次性放足，中途续水会影响口感。

开大火烧开，再转小火加盖焖煮约 30 分钟，调入生抽、盐和白糖。**煮至排骨可轻松用筷子插入的程度即可。**

大火收汁后出锅，趁热开吃 图6 。

排骨先翻炒上色再进行
焖煮，香味浓郁，肉香且软
烂，吃多少也不会觉得腻。

锅包肉

扫一扫
跟孔瑶做美食

采购单 | 猪里脊肉 200 克
调　料 | 玉米淀粉 100 克, 白糖 30 克, 姜1
小块, 大葱 1 根, 白醋 2 勺, 生抽 1 勺
料酒、盐各 1 小勺, 食用油适量

　　将猪里脊肉洗净切片, 放入碗中, 调入盐、料酒抓匀, 腌制 20 分钟 **图1**
如果是新鲜猪里脊肉, 先**放入冰箱冷冻 15 分钟**, 再切猪里脊片更容易切均匀。

　　大葱洗净, 取葱白切丝; 姜洗净, 切丝; 玉米淀粉加少许清水, 调匀成水淀
粉 **图2**。

　　水淀粉中放入肉片搅匀, **使每片肉都挂上粉浆 图3**, 为了防止油炸时肉片
粘连, 可在挂浆前向水淀粉中加入少许食用油。

　　锅中倒入适量食用油, 烧至**七成热**后下入肉片 **图4**。中小火炸至肉片呈
金黄色, 再用漏勺将肉片捞出 **图5**。锅中留底油, 下入葱丝、姜丝, 调入白醋、
生抽、白糖, 翻炒均匀。再次倒入炸好的肉片, 翻炒均匀即可出锅 **图6**。

　　油炸后的食用油, 先过滤再静置, 观察油色, 如果油色不浑浊, 也没有多余
的杂质, 就能再次利用, 可用于炒菜、凉拌、包馅料等。

金黄酥脆的猪里脊肉片
加上大葱提味，吃起来咸香酥
软，还有淡淡葱香萦绕齿间。

卤鸭翅

扫一扫
跟孔瑶做美食

采购单｜鸭翅 10 个，鸡蛋 6 个

调　料｜花椒 5 克，姜 1 块，香叶 3 片，干辣椒、八角各 3 个，桂皮 1 块，老抽 1 大勺，料酒、生抽、盐各 2 勺，冰糖适量

鸭翅洗净以后凉水入锅，调入料酒，用大火烧开，煮至浮沫溢出，捞出洗净备用 图1 ；姜洗净，切片。

另取锅，鸡蛋冷水入锅，大火烧开后转中小火，**煮约 5 分钟即可**。煮好后取出放凉水中，剥壳。往锅中倒入适量清水，放入鸭翅、冰糖和所有香辛料，添水漫过食材，调入老抽，大火烧开 图2 ，撇去浮沫；转中小火炖煮约 20 分钟。

鸡蛋剥壳后在表面**轻划几刀**以便入味 图3 ，放入锅中。调入盐和生抽，小火继续炖煮约 30 分钟 图4 ，**可以不用加盖**，以免卤汁溢出。鸡蛋捞出放凉，鸭翅可放卤汁中浸泡过夜，浸入卤味 图5 。

用过的卤水可以继续用来卤其他的食材，如鹌鹑蛋、鸡爪等，但要注意卤水取用时一定要烧开，建议冷藏保存不超过 5 天。

酱香四溢的卤鸭翅吃起来非常富有嚼劲，甜中带有一丝辛辣，开胃又下饭。

肉！肉！肉！就是要吃肉

牙签牛肉

扫一扫
跟孔瑶做美食

采购单	牛后腿肉 500 克
调 料	姜、蒜各 15 克，小葱 2 根，干辣椒 1 个，生抽 2 勺，盐、白糖各 1 勺，孜然粉、食用油各适量

相对于其他肉类来说，牛肉纤维粗，筋腱多，所以**不能顺着纹路切，而要牛肉的纹理横切断**，否则烧熟后肉质会比较干硬，不易咀嚼。

牛肉洗净，切成长约 5 厘米的条状 图1 ，放入碗中，调入 1 勺生抽和白糖搅拌均匀 图2 ，放入冰箱冷藏腌制约 30 分钟。

小葱洗净，切葱花；姜洗净，切丝；蒜剥皮后切末；干辣椒切末备用（切完辣椒后如果感觉手很辣，可以用陈醋洗手）。

牙签提前放于沸水中消毒，捞出洗净后穿好牛肉，穿好后可将牙签尖端断 图3 。

锅中倒入适量食用油，中大火烧热后下入葱花、姜丝、蒜末和干辣椒末，翻爆香 图4 。下入牙签牛肉，翻炒至牛肉变色 图5 。

调入盐和 1 勺生抽，翻炒至汤汁变少后撒孜然粉 图6 ，翻炒均匀后即可锅，牛肉易老，不要炒太久。

撒上孜然粉的牛肉条鲜香麻辣，作为午后小食，一口一个，爽快过瘾！

烤羊排

采购单｜羊排 1000 克，洋葱 2 个

调　料｜盐、黑胡椒粉、孜然粉、辣椒、食用油各适量

扫一扫
跟孔瑶做美食

羊排洗净后用厨房纸吸干水分，两面撒盐并用手涂抹均匀 图1，再撒上胡椒粉和辣椒面，腌制 6 小时以上入味 图2，**腌制时间的长短是能否去除膻味的关键**。

洋葱洗净后切丝，烤盘铺上锡纸，将切好的洋葱平铺在烤盘上。将腌制好的羊排放在烤盘上，带皮的一面朝上，刷适量食用油 图3。

温度 200℃，**预热烤箱** 5~10 分钟。预热结束以后将烤盘放置到烤箱中，温度 200℃，烤制 30 分钟。程序结束后，用夹子将羊排翻面，刷薄油后再放入烤箱，继续 200℃烤 30 分钟 图4。

待羊排双面都烤熟后，取出烤盘翻面，将带皮的那一面朝上，撒上孜然、辣椒面，刷上食用油，**将烤箱温度升高至 220℃，再烤 10 分钟** 图5。最后 10 分钟不仅能使羊排带皮的那一面烤得更焦香，还能充分浸润酱料的风味，看起来更诱人，吃起来更香！

Tips

羊排要选用肥瘦相间，表层带皮的。以羊肉颜色明亮且呈红色，用手摸起来感觉肉质紧密且不粘手、按压后肉质迅速恢复，闻起来没有膻臭味的羊排为佳。

烤箱能做的硬菜中，烤羊排口感最佳，撒上孜然粉和辣椒面，吃起来就一个字——香！

圣诞烤鸡

扫一扫
跟孔瑶做美食

| 采购单 | 仔鸡 1 只，土豆、胡萝卜、洋葱 1 个 |
| 调　料 | 蚝油、料酒、盐、蜂蜜各 1 勺，〔生〕抽 2 勺，橄榄油适量，小葱、〔大〕蒜、生抽、黑胡椒粉、罗勒碎、〔迷〕迭香碎各少许 |

仔鸡洗净沥干水分，剁去鸡头及脖颈，去除内脏，切去鸡爪；**用叉子在鸡**〔身上〕戳小孔 图1，腌制时方便入味。

仔鸡放入盆中，加入除橄榄油和生抽以外的所有调料。戴上一次性手套，〔用〕手抓匀仔鸡表面的调料，按揉数分钟 图2，盖上保鲜膜，**腌制 4 小时以上**，〔如〕果时间充裕，将鸡肉腌制过夜风味更好。

配菜洗净，土豆、胡萝卜切滚刀块，洋葱切片放入盘中备用 图3。

烤盘铺锡纸，将仔鸡表皮向上平铺于锡纸上，配菜沿烤盘四周放置，在配〔菜〕与仔鸡上刷一层橄榄油 图4，防止烤制过程中烤焦。

温度 180℃，预热烤箱 5~10 分钟。预热结束后将烤鸡放入烤箱中，温度〔设〕为 180℃，时间 25 分钟 图5。**如果将腌制好的仔鸡在烘烤前取出来擦干料汁**〔再〕风干 20 分钟，烤出来的鸡外皮会更焦香，但肉质会稍柴。

烤制结束后取出，再刷上少许橄榄油和生抽，放入烤箱。选择温度 180〔℃〕继续烤 20 分钟 图6。烤制结束后取出即可食用。

刚烤好的仔鸡色泽金黄，带有蜜香，咬上一口，外脆里嫩，满嘴留香。

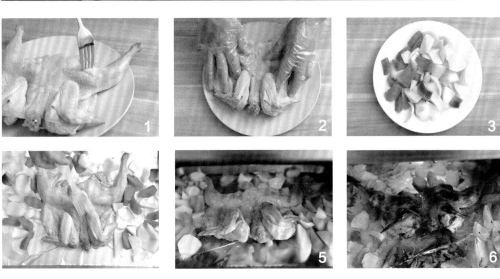

蒜蓉白肉

扫一扫
跟孔瑶做美食

采购单：五花肉 500 克，黄瓜 1 根

调　料：小葱 2 根，姜 1 块，蒜 1 头，生抽 2 勺，香醋、芝麻油各 1 勺，白糖 1 小
　　　　干辣椒末、花椒油、食用油各适量

五花肉优选五花三层肥瘦相间的；小葱洗净，切成葱段和葱花；姜洗净，切

锅中倒入适量水，放入五花肉和葱段、姜片 图1 ，煮至可用筷子轻易
捞出，放冰箱冷藏半天后切薄片备用 图2 ，**稍冷冻一下切薄片比较方便**。黄
净切丝 图3 ；蒜切末备用。锅中倒入食用油，烧至七成热，淋在干辣椒末
制成油辣子。

将生抽、香醋、白糖、葱花、蒜末倒入碗中，淋上油辣子、花椒油、芝麻油
拌均匀制成料汁 图4 ，至于比例问题，可以按自己口味调整。摆盘时先铺上
肉片再以黄瓜丝点缀，最后淋上料汁即可。

销魂鸡翅

扫一扫
跟孔瑶做美食

单：鸡翅 8 个

料：小葱 2 根，姜 1 片，蚝油 1 勺，黑胡椒粉、食用油各适量

鸡翅洗净，**划花刀** 图1，让调料更好入味；小葱洗净，切段。

碗中放入鸡翅和葱段、姜片，调入蚝油和黑胡椒粉 图2，搅拌均匀，盖上保
腌制 1 小时以上。鸡翅可以腌制久一些，这样会更入味。

将腌制好的鸡翅平铺入炸篮中 图3，**表层刷上薄薄的一层食用油**，以免表
硬。将炸篮放入空气炸锅中，选择温度 200℃，时间 25 分钟，程序结束后取
可 图4。

如果没有空气炸锅，也可用烤箱制作。先选择 200℃烤 15 分钟，取出翻面再
) 分钟即可。

红烧大排

扫一扫
跟孔瑶做美食

采购单	猪大排 3 块
调 料	盐 2 小勺，老抽、料酒各 1 勺，生抽 1 小勺，玉米淀粉 30 克，食用油适量，小葱、姜片、干辣椒、八角、桂皮各少许

猪大排放冷水中浸泡约 10 分钟，出血水后洗净，放厨房纸上吸干水分。肉锤敲打肉身 图1 ，如果没有肉锤的话可用刀背敲打，敲打时不用太使劲，**一定要多敲几下**，使肉质变得松软，吃起来有嚼劲；小葱洗净，切少量葱花，其余切段。

猪大排放入碗中，加入部分葱段、姜片，适量料酒和 1 小勺盐，用手抓匀**腌制 10 分钟** 图2 ，待腌制结束，将大排均匀地裹上玉米淀粉，用手提起并抖落多余的玉米淀粉。

锅中倒入适量食用油，中火烧至**七成热**后，下入大排 图3 。

油炸的时间不要过长，费油不说，肉质还会变老，**至大排表面呈金黄即捞出** 图4 。

锅中留底油，下入葱段、姜片、八角、桂皮、干辣椒爆香后倒入适量清水 图5 放入炸好的大排，调入老抽、生抽。加水的量以稍没过大排为准，一次加足，途续水会影响口感。

烧开后**转小火**，炖煮约半小时后调入 1 小勺盐；最后大火收汁，煮至汤汁稠即可 图6 ，摆盘时淋上汤汁，撒上少许葱花会更诱人。

　　选用带骨大排要厚薄适中，过厚不仅烹制时间较长、难以入味，而且肉质易老，影响口感；焖煮时，要适当打开锅盖，翻炒一下锅内食材，以免汤汁不够烧干。

荤素搭配
是王道

番茄牛腩煲

扫一扫
跟孔瑶做美食

采购单 | 牛腩 500 克, 番茄 3 个

调　料 | 花椒 2 克, 小葱 1 根, 干辣椒 1 个
八角 2 个, 老抽、料酒、盐、白糖各
1 勺, 生抽 2 勺, 姜、蒜瓣各少许
食用油适量

牛腩洗净切小块 图1, **逆纹路切**以保证嚼劲; 小葱洗净, 切段; 姜洗净切片。

在番茄底部轻划"十字", 放入热水中开小火煮 2~3 分钟 图2, 煮至表皮变松变皱后捞出, 晾凉后去皮切块。

锅中倒入适量水, 下入牛腩块, 加料酒大火煮开, 煮至**血水、浮沫溢出后捞**出, 冲洗干净 图3。另起油锅, 下入葱段、姜片、蒜瓣、花椒、八角、干辣椒爆香再倒入汆水后的牛腩块, 煸炒片刻 图4。

锅中倒入没过牛腩块的清水 图5, 调入老抽和生抽, 大火烧开后转小火炖**约 40 分钟**, 煮至牛腩上色后捞出。

另取锅, 倒入少许食用油, 下入番茄块翻炒至出汁, 倒入牛腩块, 再倒入碗清水 图6, 调入白糖和盐, 大火煮开后转小火炖煮约 30 分钟, 煮至**用筷子轻易戳透牛腩**即可。

番茄，绝对是牛肉的好搭档，小火慢炖之后，番茄的酸甜浸透牛腩，肉香四溢的同时也增添了清爽的口感。

水煮牛柳

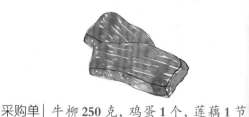

扫一扫
跟孔瑶做美食

采购单	牛柳 250 克，鸡蛋 1 个，莲藕 1 节
	莴笋 1 根，金针菇 100 克，豆芽适量
调 料	火锅底料 2 块，生抽 2 勺，老抽
	郫县豆瓣酱、蚝油、料酒、盐、
	粉各 1 勺，花椒 1 把，八角 3 个
	干辣椒 2 个，食用油、小葱、姜
	蒜各适量，孜然粉少许

牛肉的选材很关键，以**无筋、无皮、无油、无脂的牛肉**为最佳。从部位来看牛里脊肉、牛后腿肉最适合做水煮牛柳。

牛柳洗净切薄片，放碗中备用。**顺着牛肉的纹理，切成厚薄均匀的薄片** 图1 这样牛肉的口感才会松散嫩滑。碗中调入料酒、蚝油、1 勺生抽、打散的鸡蛋液、生 搅拌均匀，腌制 30 分钟。

莲藕、莴笋去皮洗净，切薄片；金针菇撕散，洗净 图2 ；豆芽洗净； 葱洗净，取少量葱叶切葱花，剩下部分切段；姜洗净，切片；蒜剥皮，切末 干辣椒切碎。

锅中倒入适量水，烧开后下入腌制好的牛柳氽水，牛肉不要煮太久，否则 质会老，**煮至变色后及时捞出** 图3 ，放入凉水中浸泡，使肉质更紧实。

锅洗净后倒入适量食用油，放入花椒、八角、葱段、姜片、蒜末、郫县豆瓣 爆香。放入火锅底料，倒入适量开水 图4 ，调入老抽、1 勺生抽、盐，大火烧开

锅中放入豆芽、金针菇、藕片、莴笋片 图5 ，煮熟后捞出，放入碗中。 入氽水后的牛柳，煮 1~2 分钟即可捞出放入碗中。

碗中放上葱花、蒜末、花椒、干辣椒碎、孜然粉，**淋上热油激发出香味**。

Tips

　　想要做好这道菜，一要牛肉嫩滑，二要汤底浓重。牛肉一定要切得薄薄的，余水的时间不要太长，这样口感才滑嫩；汤底用料可以足一点，熬出来才会汤红味浓，又麻又辣！

荤素搭配是王道　-63-

红烧土豆肉丸

扫一扫
跟孔瑶做美食

采购单	五花肉 300 克，鸡蛋 1 个，土□ 1~2 个
调料	老抽 1 勺，生抽 1 小勺，盐、小葱、 姜各少许，水淀粉、食用油各适量

小葱、姜、五花肉分别洗净；小葱切段与葱花；姜切片；五花肉切块。三□ 一并放入破壁机中 图1，盖上盖子，转速调至 3 挡，转速不要太高，不然会□ 肉打熟，**具体视破壁机转速做调整**。配合搅拌棒，按"开始"键，搅拌约 3 分钟□ 注意观察搅拌情况，**五花肉块变成细腻的肉泥即可停止** 图2。

取出肉泥放入碗中，打入一个鸡蛋和少许盐 图3，用筷子顺着一个方向□ 拌均匀，这样肉丸吃起来口感紧实有嚼劲，倒入水淀粉，继续顺着刚才的方向□ 拌均匀。

锅中倒入适量食用油，烧至**五成热**；左手取适量肉泥，虎口挤出肉丸，右□ 用勺子将肉丸刮下，放入油锅 图4。炸约 3 分钟至表面金黄变硬即可捞出，□ 油备用 图5。

锅中留底油，下入葱段、姜片爆香，加适量水，倒入切块的土豆，大火烧□ 下入炸好的肉丸，中小火炖煮约 15 分钟 图6，调入生抽、老抽和盐。

最后大火收汁，煮至汤汁浓稠即可出锅。撒上葱花，**如果喜欢吃辣可放少**□ **辣椒酱调味**。

　　破壁机绞肉后续清洗并不麻烦，只需接上半杯水，点上两滴洗洁精，开起低转速搅拌一下就能清洗干净。

干锅花菜

扫一扫
跟孔瑶做美食

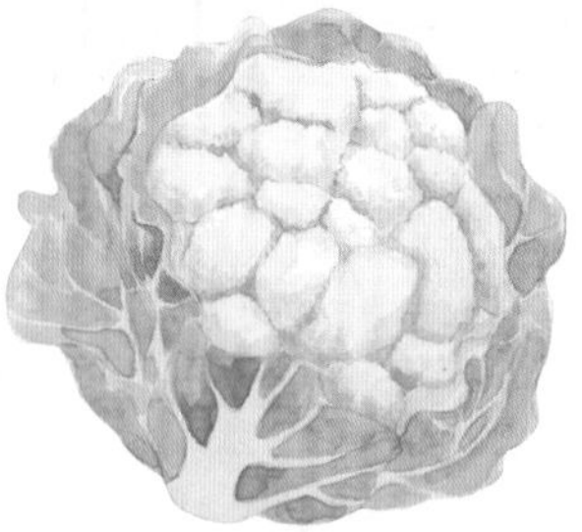

采购单｜五花肉 **200** 克，花菜 **1** 棵，洋葱半

调　料｜盐 **1** 小勺，生抽 **1** 大勺，食用油量，青杭椒、小米椒、蒜各少许

　　　干锅花菜是外出就餐的一道经典菜，花菜口感香脆，五花肉焦香诱人，最放入干锅混合，咸香入味。不过餐馆里的干锅花菜往往会过油过咸，不如自己手做的健康。

　　　选购花菜时最好选择那种**茎长的、散开的、容易切成小朵的**。五花肉要**多肥肉的**，煸炒出一些猪油才更香。

　　　花菜切小朵，**放淡盐水中浸泡 5 分钟** 图1 ，去除杂质，沥干水分。蒜洗切片；洋葱洗净，切片。

　　　将青杭椒、小米椒洗净后切段，如果不爱吃辣的话，可以少放一些小米椒五花肉洗净切片 图2 。如果五花肉不好切片，或者切片技术不好的话，可**先冰箱冷冻 1 小时左右**，待肉稍变硬后更容易切片。锅中倒入适量食用油，中火烧至七成热后下花菜 图3 ，**炸约 20 秒**，炸至金黄捞出沥油。

　　　锅中留底油，中火烧至五成热后下入五花肉 图4 ，煸炒至五花肉出油，**肉片变焦黄后**再下入洋葱、小米椒、青杭椒、蒜片翻炒爆香 图5 ，最后下入花调入生抽和盐，翻炒均匀后即可出锅 图6 。

五花肉的焦香与花菜的清脆完美融合，配以青、红双椒提味，香味十足，一碗米饭又怎么够！

1

2

3

4

5

6

水煮腰花

扫一扫
跟孔瑶做美食

采购单｜猪腰 2 只，生菜 1 棵，豆芽适量

调料｜花椒 5 克，小葱 3 根，姜 1 块，蒜 1 头，八角、干辣椒各 3 个，郫县豆瓣酱 1 勺，生抽、老抽、盐各 1 勺，火锅底料，食用油各适量，孜然粉少许

先切腰花：**斜向平行下刀，刀深约为腰片深度的 1/2，再纵向斜切入，刀深约为腰片深度的 2/3** 图1。

再将腰花切块，放入凉水中浸泡，水龙头开小持续冲泡**约 10 分钟**，这样可以使腰花更嫩滑，还能去腥。

小葱洗净，切段；姜洗净，切片；蒜剥皮，切片。取一部分葱段、姜片和腰花共同腌制 5~15 分钟 图2，放入沸水中煮至浮沫溢出，待腰花变白后撇去浮沫 图3，捞出放入碗中。

另取锅，倒入适量食用油烧热，下入花椒、八角、葱段、姜片、蒜片、郫县豆瓣酱、火锅底料，翻炒爆香，倒足量水，放入腰花，调入生抽、老抽和盐 图4，大火烧开。喜欢味道偏香辣的，火锅底料可以多放些。

最后进入摆盘阶段，先将豆芽放入锅中，煮熟后与腰花一同捞出 图5，碗铺生菜打底，再放入豆芽，腰花放在最上方，舀入汤底，取剩下的葱段、姜片、蒜片切末。

按个人口味，撒上葱花、姜末、蒜末、花椒、切碎的干辣椒、孜然粉，淋油激发出香味即可 图6。

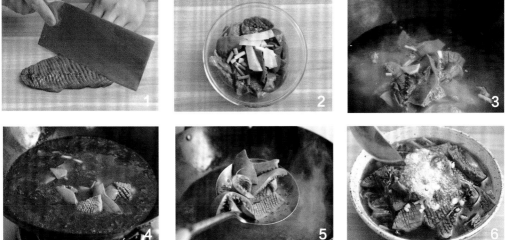

1　2　3
4　5　6

　　猪腰去腥方法有三，方法 1：猪腰切去白色筋膜后，放碗中用流动的清水冲泡约 10 分钟；方法 2：碗中放葱白、姜片、料酒，猪腰切去白色筋膜后放碗中用手挤捏，腌制约 10 分钟；方法 3：锅中倒水，烧开后加入 3 小勺花椒，煮约 3 分钟后倒入碗中放凉，猪腰切去白色筋膜，浸入花椒水中约 10 分钟。

飘香小炒肉

扫一扫
跟孔瑶做美食

采购单	五花肉 250 克，卤豆干 2 块
调　料	青杭椒、小米椒各 2 个，小葱 1 根 姜 1 块，老干妈酱、生抽、白糖 1 勺，菜籽油适量

这道菜的关键在于肉片，五花肉一定要切薄片，这样更容易将**肉片煸到微焦黄**，吃起来肥而不腻。

另外掌握好火候也很重要，煸肉片的时候需**全程小火**，防止肉片过度煸炒得干硬，吃起来口感又柴又老。

姜洗净，切片；小葱洗净，切段；青杭椒、小米椒分别洗净，**从中间横剖，分为二**，切段；卤豆干切条 **图1**；五花肉洗净，切薄片 **图2**。

锅中倒入适量菜籽油，下入肉片，小火煸炒出油 **图3**，**煸至肉片焦黄**。

下入葱段、姜片、老干妈酱，翻炒均匀 **图4**，如果没有老干妈酱，也可用郫县豆瓣酱代替。

下入卤豆干、青杭椒、小米椒，大火翻炒 **图5**；调入生抽、白糖，翻炒均匀可出锅。

煸炒至透明、焦黄的肉片混合着双椒的香辣与豆干的清香，越嚼越有味！

 1

 2

 3

 4

 5

红烧肉末茄子

采购单 | 肉末 50 克,茄子 500 克

调　料 | 郫县豆瓣酱 1 勺,生抽 1 小勺,小葱、姜、蒜、水淀粉各少许,食用油适

茄子是一种营养丰富的食材,而且吃法多样,既可以油炸、凉拌,也可以烧。这道红烧肉末茄子酱汁咸香浓稠,吃起来软嫩入味。

茄子洗净,切去头尾后均匀切成 3 段,将每段茄子**切条状** 图1 ；小洗净切葱花;姜洗净切末;蒜洗净切末。

锅中倒入适量食用油,烧至**七成热**,下入茄条炸至表面金黄后捞出 图2

转大火把食用油再次烧开后,重新将茄条放入锅中 图3 ,**复炸 20**后捞出,沥油备用。复炸可以减少茄子中多余的油分,炸出其中的水分,茄子在红烧时能更入味。

锅中留底油,倒入肉末,翻炒至发白 图4 ,放入郫县豆瓣酱和葱花、姜蒜末,翻炒均匀后倒入炸好的茄条,再倒入生抽和水淀粉 图5 ,翻炒至酱黏稠即可出锅。

紫皮白肉的茄子，搭配
切成细末的猪肉，味美多汁，
香味浓郁！

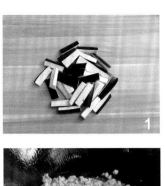

1

2

3

4

5

菠萝咕噜肉

扫一扫
跟孔瑶做美食

采购单	猪里脊肉 250 克,鸡蛋 1 个,菠萝半
调料	盐 2 小勺,白糖、番茄酱各 1 大 面粉、食用油各适量,玉米淀粉 许,小葱 1 根,姜 2 片

菠萝洗净后切小块,**放入盐水中浸泡半小时** 图1 ,这样既能杀菌消毒,
起来也不会涩嘴。

猪里脊肉洗净后切小长条,大约小拇指粗细,不宜切得过细,在油炸时容
炸焦。将切好后的葱段、姜片和里脊肉一起放入碗中,调入 1 小勺盐,用手抓
腌制 20 分钟 图2 。

碗中打入一个鸡蛋,调入 1 小勺盐,划散成蛋液后倒入面粉,用筷子搅拌
面糊状,再倒入玉米淀粉,**搅拌至无干粉状态**。将腌制好的猪里脊肉放入面糊
用筷子拌匀 图3 。

锅中倒入适量食用油,中大火烧至**七成热**后下入挂好浆的猪里脊肉,炸至
面金黄即可捞出,沥油备用 图4 。

另取锅,倒入少许食用油,小火烧热后调入番茄酱,**炒酱料的时候一定要
小火**,不然容易炒煳,倒入少许水,烧开后调入白糖,熬至酱汁黏稠 图5 。

在酱料锅中倒入炸好的猪里脊肉和菠萝块,翻炒均匀,**让猪里脊肉和菠萝
均匀裹上酱汁即可出锅** 图6 ,不要炒太久,否则会软烂,可搭配青、红椒,颜
会更好看。

酸甜的酱汁包裹着酥香软
嫩的里脊,菠萝清脆爽口,加
倍的酸甜"专治"夏天没胃口。

羊排粉丝汤

扫一扫
跟孔瑶做美食

采购单 | 羊排 500 克，娃娃菜半棵，龙口粉丝 1 小把

调　料 | 料酒 1 大勺，盐 2 勺，小葱、姜各适量

在冬天煲一锅羊肉汤，喝上一碗，既能御风寒，又可补身体！搭配娃娃菜和粉丝一起煮，汤色清亮，肉香浓郁。再配上一块馍饼就着汤吃，就成了冬天少不了的羊肉泡馍。

龙口粉丝提前**放入凉水中泡软**；娃娃菜洗净切段 图1 ；小葱洗净切段；姜洗净，切片。

羊排剁成块，冷水入锅，加料酒氽水 图2 ；大火烧开后撇去浮沫，捞出羊排洗净。

高压锅装七分满清水，倒入氽熟的羊排、葱段、姜片 图3 。水要一次性加足，中途续水会影响口感。

加盖，大火烧开（上汽）后转中小火，炖煮 20 分钟，**如果不是高压锅，大火烧开后转中小火，炖煮约 1 小时**。

放汽，开盖，高压锅开盖前一定要放汽，避免烫伤手。放汽完成后，锅盖上的安全阀会回到原位，表示此时可以揭盖。

放入娃娃菜和粉丝 图4 ，调入盐，炖煮片刻后出锅 图5 。**粉丝入锅后如果煮久会软烂**，因此要把握好放入时间。

Tips

　　羊肉去膻的方法：1.白醋去膻，羊肉切块氽水,加白醋可去膻；2.花椒去膻,
在羊肉炖煮过程中放入一些花椒，再放葱、姜末,可使羊肉鲜嫩无膻味；3.山楂、
红枣去膻,在炖煮羊肉时,可放少许山楂或红枣,以去除膻味。

冬瓜玉米排骨汤

扫一扫
跟孔瑶做美食

  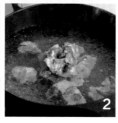  

采购单：排骨 250 克，玉米 1 根，冬瓜 250 克
调　料：料酒 1 勺，盐 2 勺，小葱、姜各适量

排骨最好选用肋排，玉米选嫩一点的**甜玉米**，冬瓜选表皮**带白霜的**更好吃

小葱洗净，切段；姜洗净，切片；玉米洗净先横向切块，**再切"十字"段**；冬
洗净，去皮，切块 图1 。

锅中倒入适量水煮沸后，放入排骨，倒入料酒焯水 图2 ；煮至排骨浮沫溢
肉色变白后，捞出过凉水 图3 。

另取砂锅放入排骨、玉米、葱段、姜片，**倒入没过食材的清水**，盖上锅盖
要一次性给足，中途加水会影响汤品口感。

大火烧开后转小火，炖煮约 1 小时后下入冬瓜，调入盐 图4 ，继续小火慢
30 分钟。

红枣枸杞炖鸡汤

扫一扫
跟孔瑶做美食

□单：仔鸡1只，红枣、枸杞各少许
□料：姜1块，大葱1根，盐2勺

红枣、枸杞、大葱、姜块洗净；仔鸡洗净去毛 **图1**。除去仔鸡内脏与鸡爪，
□余水 **图2**。

将余过水的仔鸡洗净血污，锅中倒入足量清水，煮至鸡肉软烂 **图3**。

姜切片；大葱切段，与红枣、枸杞、煮好的仔鸡**一同放入砂锅 图4**，并且倒
□过食材的清水，盖上锅盖，小火炖煮约1小时，调入盐后关火闷5分钟。

如果为了缩短鸡汤的炖煮时间，也可采用高压锅炖煮，将食材与足量水放入
□，加盖，大火烧开（上汽）后转小火，**炖煮约20分钟**。

冬瓜鸭架汤

扫一扫
跟孔瑶做美食

采购单｜烤鸭半只，冬瓜 150 克

调　料｜姜 3 片，小葱 2 根，盐 1 勺，白胡椒粉、芝麻油各少许

烤鸭可现买也可用吃剩下的，半只就够，冬瓜挑选表皮光滑上霜的口感好 图1 用刀横切去烤鸭的鸭腿、鸭肉，**鸭架上保留少许鸭肉与鸭皮**，这样炖汤时会带有淡淡的烟熏味，风味更佳。

鸭架切小块备用；冬瓜洗净去瓤，去皮，切小块 图2 ；小葱洗净，切成葱段和葱花。

砂锅中倒入适量水，放入鸭架、葱段、姜片 图3 ，大火烧开，撇去浮沫，转小火，加盖慢炖约 5 分钟后，倒入冬瓜块 图4 。

继续用小火慢炖大约 15 分钟，调入盐，**最后用大火煮约 3 分钟**，使汤色更浓有味。

出锅后可撒葱花和少许白胡椒粉，滴几滴芝麻油提味。

Tips

鸭肉的蛋白质含量较高，脂肪含量适中且分布均匀，是非常好的滋补食材，一般人群都可食用。

汤中融入了冬瓜的鲜和烤鸭中的一点点烟熏味，喝起来清淡却不寡淡，浓郁而不油腻。

西湖牛肉羹

扫一扫
跟孔瑶做美食

采购单

卤牛肉 100 克
鸡蛋 2 个
嫩豆腐 1 块
香菇 50 克

调 料

香菜 1 根
盐 1 勺
水淀粉适量
白胡椒粉少许
芝麻油少许

　　嫩豆腐、卤牛肉分别切丁；香菇洗净后切细丁；香菜洗净，切碎 图1 。不喜欢吃香菜的话可以用芹菜、青菜等绿色蔬菜代替。

　　分离蛋清 图2 和蛋黄，将蛋清搅拌出密集的细泡，不能直接用鸡蛋搅成蛋液，会影响牛肉羹色泽。锅中加适量水，倒入卤牛肉丁、香菇丁和豆腐丁搅匀，大火烧开，调入盐和白胡椒粉 图3 ，边煮边搅拌，煮至沸腾。

　　倒入水淀粉，煮至汤汁浓稠，**水淀粉最好分次倒入** 图4 ，以免一次性倒太多使汤汁过于浓稠。转中小火，调入蛋清，边倒边搅拌成蛋花。

　　撒上香菜碎，搅拌均匀，淋上芝麻油后即可盛出。

竹笋雪菜炒肉片

扫一扫
跟孔瑶做美食

小葱洗净，切段；姜洗净，切片；小米椒洗净，切碎；冬笋剥掉外皮，去除头尾部的笋。

冬笋切片，**切的时候沿空心部分向下**，这样切出来的笋片会呈梳齿状。腌制菜放入水中浸泡 30 分钟，**中途需换几次水**，去除过量盐分，沥水后切**1**。

五花肉切片，尽量切薄一点，口感更好。锅中倒入适量水，烧开后倒入笋片，**1 勺盐**，焯水**图2**。捞出笋片，沥干水分。

锅烧热后倒入适量食用油，倒入肉片煸炒出油，至表面微微焦黄后，倒入葱片、小米椒碎**图3**。调入老抽、生抽，翻炒均匀，接着倒入雪菜、笋片翻炒。再加少许盐调味。

采购单

五花肉 **150** 克
雪菜 **100** 克
冬笋 **1** 个

调 料

盐 **1** 大勺
老抽 **1** 小勺
生抽 **1** 小勺
小葱 **2** 根
姜 **1** 块
小米椒少许
食用油适量

芹菜炒肚丝

扫一扫
跟孔瑶做美食

采购单：熟牛肚 250 克，芹菜 200 克

调　料：红尖椒 2 个，盐 1/4 小勺，食用油适量

熟牛肚**入锅过水**，去除咸味；芹菜洗净 图1 。

熟牛肚切丝；芹菜切小段 图2 。

锅中加入适量水烧开，将切好的牛肚丝、芹菜段入锅焯水后捞出 图3 。

锅中倒入食用油烧至**七成热**，红尖椒入锅爆香，将红尖椒切开去籽可减味。倒入牛肚丝、芹菜段，翻炒数下 图4 。

出锅前按个人口味调入盐，充分翻炒均匀后即可出锅。

牛肚之类的食材自制步骤较烦琐，不如直接购买熟肉半成品进行烹饪，简单快捷，但要注意减少盐的用量。

培根秋葵卷

扫一扫
跟孔瑶做美食

单：秋葵 12 根，培根 4 片

料：盐 1 小勺，白胡椒粉、食用油各适量

秋葵洗净后入沸水锅，调入 1 小勺盐，焯水后捞出 图1 。焯过水的秋葵会大量黏液，这是秋葵的营养精华，**无须洗去**。

每片培根切成三段，每段卷好一根秋葵 图2 。

平底锅入少量食用油烧至七成热，放入培根秋葵卷 图3 ，培根容易熟，不太久，煎老了水分尽失，口感发干。

将培根两面都煎至上色 图4 ，撒上白胡椒粉调味即可。没有白胡椒粉也可胡椒粉代替。

需要注意的是，培根本身的脂肪含量并不低，在煎制的过程中会出油。因此，培根秋葵卷时，只需放少量食用油即可。

蒜薹炒香肠

扫一扫
跟孔瑶做美食

采购单｜香肠 1 根，蒜薹 1 把

调　料｜小米椒 3 个，盐 1 勺，食用油适量

蒜薹洗净，切段 图1 ；小米椒去蒂，洗净切段；香肠切半。

塔吉锅中**倒入适量水**，放入香肠 图2 ，大火隔水蒸约 20 分钟后取出，放凉后切片 图3 。香肠主要分为广味香肠和川味香肠，**广味香肠较甜，川味香肠较辣**，可凭个人喜好选择。

锅中倒入适量食用油，倒入香肠煸炒 图4 ，因为香肠本身含油，所以只要加一点油提升初温即可。倒入蒜薹翻炒，下入小米椒，调入 1 勺盐，翻炒均匀即可出锅 图5 。

出锅前可尝一下，如果觉得味淡可加盐调味。

相比把香肠作为凉菜单独食用，搭配上其他素菜，做法简便不说，味道也更加可口。

肆

鱼虾蟹，
鲜满锅

蒜蓉小龙虾

采购单｜小龙虾 2 斤，玻璃瓶装啤酒 1 瓶

调　料｜蒜 3 头，青椒、姜各 1 个，盐 3
　　　　白糖、生抽各 1 勺，食用油适量

活虾买回来后先放盆中，倒入少许水，**不要没过它们**，夏天可放一些冰块，再放少许盐，浸泡约 15 分钟 图1 ，让它们吐出内脏中的脏物。

接着去虾线：左手捏住虾身，右手取 **3 片虾尾中间那个尾巴**，先左右拧枝，再慢慢地拽出来就行了 图2 ，为防止被虾钳夹伤可戴手套。开大水龙头，反复刷洗虾的全身，**尤其是虾肚和虾爪一定要洗干净！**

锅中倒入适量水，烧开后下入小龙虾 图3 ，大火煮至浮沫溢出，捞出洗净沥水备用。大蒜剥皮，用压蒜器压成蒜蓉；青椒洗净，切段；姜洗净，切片。

锅中倒入适量食用油，烧热后下入姜片爆香，倒入蒜蓉，中小火翻炒出蒜味 图4 。

下入龙虾，倒入啤酒，大火烧开 图5 ，**加啤酒可以去腥、提鲜**，如果是易拉罐装的啤酒，需要 1~2 罐。放入青椒段，调入盐、白糖和生抽，中火煮**约分钟**即可出锅。

Tips

好的小龙虾形状完整，个头均匀，头和身几乎各占一半，颜色红亮干净，腹毛、爪毛无污垢，腹部干净。在污染环境下长大的小龙虾，腹部会发黑，不要买；虾壳较厚且颜色发黑的，肉质会比较老，也不建议购买。

蒜香调动起小龙虾的
鲜美，吃完小龙虾剩下的蒜
末混着虾黄用来拌饭也是
十分美味！

 1

 2

 3

 4

 5

番茄鱼

扫一扫
跟孔瑶做美食

采购单 | 黑鱼 1 条，番茄 2 个
调 料 | 盐 6 勺，料酒 1 小勺，白糖 1 勺
小葱、姜、食用油各适量

姜洗净，切片和丝；小葱洗净，切段；番茄洗净，切小块；黑鱼去鳞、去内脏处理干净，切去头尾，从中部横切开一分为二  图1，用刀横切去除中间的鱼骨，鱼骨不要扔掉，用来熬制汤底。

将鱼片斜切成薄薄的小片 图2，越薄越好，容易入味。鱼片洗净后沥水放入碗中，撒盐用手抓匀，顺着一个方向搅拌上劲，抓至鱼肉变黏稠即可。

剩余的鱼身切块，与鱼头、鱼尾一起放入碗中备用。鱼片放入碗中，放入葱段、姜片，撒盐 图3，**盐可以多放一点**，鱼片才能更好的入味，倒料酒，用手抓匀，腌制 15 分钟。锅中倒入适量食用油，放入葱段、姜丝爆香，下入鱼骨、鱼头、鱼尾翻炒 图4，倒入没过食材的开水，大火烧开后转中小火熬煮。

另取锅，倒入足量水，烧开后下入鱼片，下鱼片时需要**分开放**，不然会粘在一起，中火煮约 2 分钟，鱼片易熟，**煮至变白便可捞出** 图5，放入凉水中浸泡，使肉质更紧实。

锅洗净后倒入少许食用油，下入番茄块翻炒出汁，如果觉得番茄味不够浓郁，**可加适量番茄酱提味**。倒入熬好的鱼汤，烧开后下入鱼片，调入盐、白糖搅拌均匀 图6。

夹一块鱼肉放入嘴里，
既有番茄的酸甜，还有鱼肉
的鲜嫩爽滑。

1

2

3

4

5

6

香辣烤鱼

扫一扫
跟孔瑶做美食

采购单	鲫鱼 2 条, 莲藕 1 节, 香菇 3 朵
调 料	青杭椒 2 根, 小米椒 4 个, 八角 3 个 香叶 3 片, 干辣椒 6 个, 花椒 1 把, 郫县豆瓣酱、生抽、盐各 1 个 香菜、小葱、姜、蒜、食用油各适量 五香粉少许

鲫鱼处理干净后在鱼身轻划几刀, 以便入味 图1 。撒上盐和切好的葱段、姜片**用手抹匀, 腌制 1~2 小时**。

烤盘铺锡纸, 将鱼放入烤盘中, 鱼身刷上一层食用油, 撒上五香粉 图2 温度 180℃,预热烤箱 5~10 分钟; 预热结束后把鱼放入烤箱,选择温度 180℃(下火), 时间 30 分钟, **烤制温度根据自家烤箱适当调整**。

烤鱼的同时准备配菜。蒜、莲藕、香菇分别洗净, 切片备用 图3 。锅中倒适量食用油, 烧热后下入八角、香叶、干辣椒、花椒、葱段、姜片、蒜片**爆香** 图4 下入藕片和香菇片, 调入郫县豆瓣酱, 翻炒均匀, 倒入适量水, 烧开后调入生抽、盐 图5 。

鲫鱼烤制结束后取出, 将煮好的配菜整齐的码放在烤盘上, 再放入箱 图6 , 选择**温度 190℃**, 继续烤制 10 分钟。烤制结束后取出, 撒上切好青杭椒碎、小米椒碎和香菜碎。

配菜可随意搭配, 土豆、冬瓜、莴笋等都是不错的选择, 盘中剩余的汤汁可以用来**涮煮其他的蔬菜**。

清蒸大闸蟹

扫一扫
跟孔瑶做美食

采购单 | 大闸蟹数只
调　料 | 紫苏包1包

蒸螃蟹操作简单，先清洗大闸蟹，注意**洗净蟹肚** 图1 ，然后挨个放入蒸锅中，**蟹肚朝上** 图2 ，这样做能防止蒸制过程中蟹黄流失。

接着放入紫苏包，如果没有紫苏，也可用姜片代替。最后**中大火加盖蒸15~20分钟**，即可出锅 图3 。

螃蟹好吃但是难剥，在这里给大家介绍一种轻松剥螃蟹的方法：

剪掉蟹钳和蟹腿。将蟹腿剪成3段，用**最末一节蟹脚尖头**，戳出蟹肉。

打开蟹盖，舀出蟹盖上的白色部分，即**蟹胃**，丢弃。

剪去蟹肺，取出蟹身内呈六角形的白色片状，即**蟹心**，丢弃。吮蟹黄，吃蟹黄，再来细细品尝蟹肉，配上一碟米醋好不惬意。

公蟹吃蟹膏，母蟹吃蟹黄。公蟹肚子上有一个竖形图案，母蟹肚子上没有，只有横向的纹路。

Tips

螃蟹性寒，最好搭配米醋、姜末作为调料；并且多食容易导致胃寒，建议一次食用量最好不要超过3只。新鲜螃蟹可放冰箱冷藏，切勿购买死蟹，死蟹中的有害物质对肾脏十分不利。

清蒸的做法最大程度地
保留了蟹的清香鲜美,任谁都
会爱上这美味。

赛螃蟹

扫一扫
跟孔瑶做美食

采购单｜小黄鱼1条，新鲜鸭蛋2个

调　料｜盐2小勺，熟米饭1碗，玉米油量，小葱、姜各少许

小黄鱼洗净后从中间一分为二，用刀横着切去鱼骨和鱼皮，接着**将鱼肉丁** 图1。姜洗净，切细末；小葱洗净，切葱花。

分离鸭蛋的蛋清和蛋黄，将蛋黄划散成均匀的蛋液图2。

鱼肉丁中倒入蛋清，调入1小勺盐，搅拌均匀。锅中倒入适量玉米油，烧**五成热**后倒入混合好的鱼肉蛋清图3，翻炒至**蛋清变白凝固，鱼肉变色**图即可出锅。

另起油锅，再倒入蛋黄液图5，翻炒成蛋黄碎。倒入炒好的鱼肉，放入末，调入1小勺盐，翻炒混合均匀图6，如果**炒得太干，可以加入少许清水**。

光吃菜不够过瘾的话，简单加工一下就能做成炒饭。取1个新鲜鸭蛋分蛋清和蛋黄，将蛋黄与熟米饭混合抓匀，使每粒米都裹上"金黄"。锅中倒入量玉米油，烧至**六成热**后倒入米饭，炒熟后倒入做好的赛螃蟹，调入1小勺翻炒均匀，撒上葱花即可。

Tips

黄花鱼分大黄鱼和小黄鱼，小黄鱼刺少味鲜，肉质紧实，炒后的口感与蟹肉相似，如果买不到也可以用龙利鱼、虾仁代替。

鱼肉雪白似蟹肉，蛋黄色泽如蟹黄，鲜嫩味美，这"赛螃蟹"比真螃蟹还好吃！

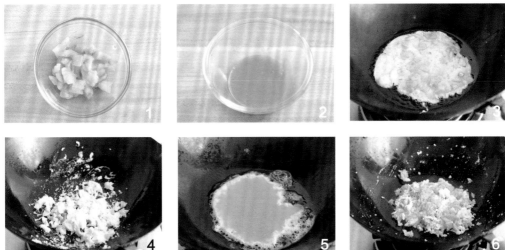

蒜蓉蒸虾

扫一扫
跟孔瑶做美食

采购单：对虾 300 克，龙口粉丝 50 克

调　料：蒜 1 头，生抽 1 勺，白糖 1 小勺，食用油适量

将龙口粉丝浸泡在**凉水**中至变软 图1，大蒜剥皮，剁成蒜蓉。

用刀开虾背，取出虾线 图2，开背后的虾也更容易将虾的鲜味展现出来
果对自己的刀工没信心，可以**将对虾放冰箱冷冻 15 分钟**，这样开背更方便。

从清水中捞出粉丝，沥干水分放入盘中，把虾平铺在粉丝上。锅中倒入
食用油，加热至**五成热**后倒入蒜蓉，小火慢熬 10 分钟。

闻到蒜香后出锅，将蒜蓉铺在虾上 图3，碗中倒入生抽和白糖，搅匀
酱汁淋在虾上。蒸锅中倒入适量凉水，烧开后将虾放入，开**中火蒸 8~1**
钟 图4。

蒸好后取出，可凭个人喜好撒上葱花，锅里烧热油，将热油浇在葱花上，
出葱的香味。这道菜最好趁热食用，放凉后口感会大打折扣。

蒜蓉大虾

扫一扫
跟孔瑶做美食

单：对虾 20 只

料：蒜 5 瓣，盐 1 勺，黄油 10 克，料酒 1 小勺，黑胡椒粉适量

对虾放水中洗净后**用刀划开虾背**，用牙签剔除虾线 图1，可将鲜虾放冰箱
冻一会，这样更容易取出虾线。

将大蒜用压蒜器压成蒜蓉，放在鲜虾上 图2。调入料酒、盐、黑胡椒粉、黄油，
子拌匀，腌制 10 分钟。**黄油味道浓郁带淡淡奶香**，能给这道菜加分不少，如
有黄油，也可以用食用油代替。

将虾平铺至炸篮中 图3，推入空气炸锅中，选择温度 200℃，时间 15 分钟。

10 分钟以后暂停程序，取出炸篮，将虾翻面后继续程序，等到 5 分钟程序结
后即可食用 图4。**也可以用烤箱烤，时间、温度一致。**

抱蛋凤尾虾

扫一扫
跟孔瑶做美食

采购单 | 罗氏虾 10 只，鸡蛋 5 个
调 料 | 小葱 2 根，料酒 1 勺，盐 2 勺，食
用油适量

罗氏虾去虾头、剥壳，**保留完整虾尾**，如有虾线需用牙签挑去，洗净后放入碗中，调入料酒、1 勺盐，用筷子搅匀，腌制 10 分钟 图1。

平底锅中倒入少许食用油，放入腌制好的虾仁 图2，**用小火煎熟** 图3，盛出以后备用。

鸡蛋打散，调入 1 勺盐，划散成蛋液；小葱洗净，切葱花。另起油锅，倒入蛋液，均匀铺开，**需全程小火**，防止底部的蛋饼煳掉 图4。趁底部蛋液成型、表面蛋液未凝固时，摆上煎熟的虾仁 图5。

均匀撒上葱花，加盖，**焖 2~3 分钟**，使表面的蛋液凝固 图6。蛋饼无需翻面，直接加盖焖熟即可。

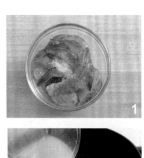

薄薄的蛋饼配上饱满的虾
仁,一口下去有蛋的香、虾的鲜,
还有淡淡的葱香提味,可以说是
非常完美了。

腌笃鲜

扫一扫
跟孔瑶做美食

采购单	河蚌 3~4 个，咸肉 200 克，百叶 20 个，竹笋 1 根
调　料	小葱、姜、料酒各少许

准备好食材 图1，竹笋去皮洗净后切片；咸肉切片后**放凉水中浸泡30钟**；河蚌去壳取肉。

锅中倒入适量水，**烧开后**放入河蚌肉 图2，加料酒汆水，撇去浮沫，捞后切条 图3。锅中重新倒入适量水，烧开后依次下入笋片焯熟、咸肉汆熟，捞

另取炖锅倒入适量水，烧开后放入**焯水后的竹笋，汆水后的咸肉和蚌肉**，好的葱段、姜片，大火烧开后转中小火慢炖 1 小时 图4。

最后倒入百叶结，再煮 10 分钟左右 图5，可取汤尝一下，**如果淡了可入盐**，如果过咸可放入土豆片吸收盐分。

此菜需用中小火慢慢炖，熬至汤汁变白，煮至竹笋可用筷子戳透，使香味分发散出来，所以也可以用砂锅慢慢熬煮。

腌笃鲜，咸肉代表"腌"，
河蚌代表"鲜"，而这"笃"便是
那小火慢煮发出的"嘟嘟"声。

花甲粉丝

扫一扫
跟孔瑶做美食

采购单	文蛤、花蛤、蛏子各 250 克, 龙口
	粉丝 1 小把
调 料	火锅底料 1 小块, 老干妈酱、生抽、
	盐各 1 勺, 小葱、姜、蒜各适量,
	干辣椒少许

　　花甲粉丝一直是美食爱好者的心头好, 当鲜嫩的肉质吸入香辣的汤汁, 搭上爽滑的粉丝再合适不过, 吃起来肉肥汁鲜, 口感层次十分丰富, 最重要的是法简单, 哪怕是不会下厨的你都能轻松完成这道菜!

　　清水中加入 1 勺盐, 放入文蛤、花蛤和蛏子, 浸泡 1 小时使其吐尽沙 图1 , **清水不要过多, 没过食材的一半即可**, 浸泡时间越久, 吐沙吐得越净。夏天高温时最好放冰箱冷藏。待文蛤、花蛤和蛏子吐尽沙子后, 洗净沥水入碗中。

　　小葱洗净, 切小段; 蒜洗净剥皮, 切末; 姜洗净, 切末; 干辣椒切小段。取锅加入足量清水, 放入葱段、蒜末、姜末、干辣椒段 图2 。烧热后, 加入文蛤、花蛤、蛏子、火锅底料和老干妈酱 图3 。

　　煮至文蛤、花蛤和蛏子**完全开口** 图4 。放入泡软的龙口粉丝, 调入抽 图5 , 再煮约 1 分钟, 即可出锅。由于粉丝会吸收汤汁, 所以一定要趁吃完。

Tips

挑选时需要注意,花蛤、文蛤得挑壳体完整无损、双壳紧闭、无酸臭等异味的;
蛏子则要选外壳干净、泥沙少、颜色呈金黄色的,购买时可用手轻触一下它的身体,
如果能自由伸缩活动,则说明是鲜活的。

玉子虾仁

   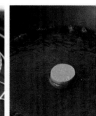

采购单：对虾 7 只，速冻豌豆 7 粒，日本豆腐 2 条
调　料：咖喱 1 块，盐 1 勺，水淀粉适量

对虾去虾头，洗净剥壳，开背去虾线；日本豆腐切成厚约 **2 厘米**的小块装盘 图1 。

锅中倒入适量水，烧开后下入虾仁余水。煮熟后捞出，将熟虾仁放在日本豆腐上，再放上豌豆点缀 图2 。

将盘子放入塔吉锅中，**中火加盖隔水蒸 3~5 分钟** 图3 。

另取锅，倒入适量水和咖喱块 图4 ，调入盐、水淀粉，熬煮成浓稠的汤汁，舀一勺汤汁淋在虾仁上即可。

香辣小鱼干

料：小鱼干 30 克，花生米 100 克

料：红尖椒、蒜、盐、食用油各适量，生抽 1 小勺，白糖、料酒各少许

红尖椒切碎；蒜洗净剥皮，切末；小鱼干放入清水中浸泡 1 小时 图1，去除
稍软后捞出沥水。

锅中倒足量油，放入花生米，**小火加热** 图2，当花生米炸至发出噼啪声时
沥油，注意炸花生米时要保持小火，不停翻动，否则容易炸焦。锅中留油，
小鱼干，**中火炸 2~3 分钟**，捞出沥油 图3。

锅洗净后倒油烧热，红尖椒碎、蒜末入锅爆香，倒入小鱼干翻炒数下。调入生
料酒、白糖、盐炒匀，倒入花生米 图4，快速翻炒数下即可出锅。

酸菜鱼

扫一扫
跟孔瑶做美食

采购单 | 黑鱼1条,酸菜200克,鸡蛋1

调　料 | 盐、食用油各适量,玉米淀粉30
袋装野山椒1袋,干辣椒3根、
葱、姜、蒜各少许

干辣椒洗净,切碎;小葱洗净,切葱花和葱段;蒜洗净剥皮,切末;姜洗
切姜末和姜片;酸菜清水冲洗后,切小段。

黑鱼切去头尾,从中部切开一分为二,用刀横切去除中间的鱼骨,将鱼块
切成薄薄的小片,剩余的鱼身切块,与鱼头、鱼尾一起放入碗中备用。

将切好的鱼片冲洗干净,沥水后放入碗中,撒3勺盐,**盐可适当放多一**
这样更好入味,用手抓匀,并顺着一个方向搅拌上劲,抓至鱼肉变黏
鸡蛋分离蛋清和蛋黄,将蛋清打入装鱼肉的碗中,用手抓匀后加入玉米淀粉
匀,使鱼肉都**裹上玉米淀粉**。

锅中倒入适量食用油,放入葱段、姜片爆香,下入鱼头、鱼尾、鱼身块翻
倒入没过食材的开水,大火烧开后转中小火熬煮。

取锅倒水,烧开后下入鱼片,中大火煮约2分钟,至鱼肉变白、浮沫溢出
捞出 图2 ,放入凉水中浸泡去浮沫。锅洗净后倒入适量食用油,烧至六成热
下入葱花、姜末、蒜末、干辣椒碎爆香 图3 ,再倒入酸菜和野山椒翻炒 图4

盛出锅中酸菜,重新倒油烧热,下入葱段、姜片爆香,再下入鱼片略微翻
后加入熬好的鱼汤 图5 ,大火烧开后转小火,将汤底熬至变白后,放入炒好
酸菜,熬出香味。

Tips

　　摆盘时注意先将煮好的鱼汤倒入碗中，放入酸菜后，再铺上鱼片，可撒上葱花、干辣椒碎作为装饰。最后淋上热油，激发出调料的香味。

糖醋带鱼

采购单｜带鱼2条

调　料｜姜半块，料酒、生抽、香醋、白糖
各1勺，盐、玉米淀粉、食用油各
适量，葱花、水淀粉各少许

带鱼去头、尾，清洗干净后切**长约5厘米**的段，撒上盐和料酒，用手抓匀
腌制约**20分钟** **图1**。将腌制好的带鱼擦干水分，裹上玉米淀粉 **图2**，抓匀
抖去多余淀粉。

锅中倒入适量食用油，中火烧至**七成热**，下入带鱼，炸至表面金黄后，捞出
沥油 **图3**，放盘中备用。炸带鱼的时候**不要开大火**，否则容易将外皮炸煳。

锅中留底油，放入切好的姜丝爆香 **图4**，倒入适量开水，调入生抽、香醋、
白糖，大火烧开。

下入炸好的带鱼，翻炒均匀，转**中小火炖煮约5分钟**使带鱼入味 **图5**，炸
过的带鱼再烧煮，肉质更紧实、口感更好。

调入水淀粉勾芡，大火收汁，煮至汤汁浓稠 **图6**，撒上少许葱花出锅即可。

Tips

一般在超市买到的都是冻带鱼，可以放在室内解冻，赶时间的话可以
放入75℃左右的热水中化冻。带鱼表面的白鳞，虽有腥味但富含营养，如
果对腥味难以忍受，可以用干净的小刷子将白鳞刷去。不过带鱼腥味的主
要来源还是带鱼的内脏与黑色的膜，这两处是一定得去除干净的。

带鱼的鲜美，配上糖醋的
酸甜，吃的时候连鱼刺都要抿
得干干净净。

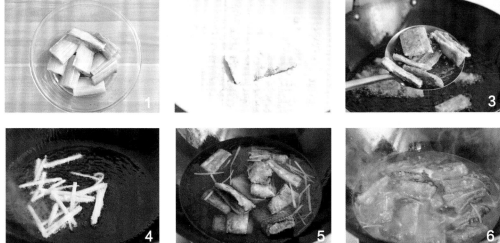

银鱼蒸蛋

采购单

银鱼 40 克
鸡蛋 3 个

调料

盐 2 勺
柠檬半个
生抽 1 勺
芝麻油少许

准备好食材 图1。碗中倒入适量清水，放入银鱼清洗干净，捞出沥水入碗中备用。取半个新鲜柠檬，往银鱼碗中挤入少许柠檬汁，调入 1 勺盐，搅匀，银鱼**腌制 15 分钟**去腥。如果没有柠檬，用少许料酒也能去腥。

另取碗打入 3 个鸡蛋，调入 1 勺盐，划散成蛋液，倒入适量清水 图2，**蛋液的比例为 2:1**。

蛋液过筛入碗，用勺子撇去浮沫，盖上保鲜膜，冷水入蒸锅 图3。盖膜是为了防止蒸汽水珠滴入蛋液中。

盖上锅盖，**中火蒸约 10 分钟后揭盖**，在蛋羹上放上银鱼 图4。

加盖中火继续蒸约 3 分钟出锅，淋上生抽、芝麻油即可。

香煎鳕鱼

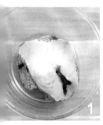   

扫一扫
跟孔瑶做美食

取出冷冻的鳕鱼, 常温解冻, **切不可心急用热水化冻**, 否则会让鱼肉变得不
。

鳕鱼常温解冻后, 用厨房纸巾吸去表面的水分。鳕鱼放入碗中, 调入盐, 取
新鲜柠檬滴少许柠檬汁, 涂抹均匀后**静置腌制约 15 分钟** 图1。

将浓缩柠檬汁和新鲜柠檬挤汁后混合, 调入少许白糖和饮用水, 小火熬煮 3
, 再加水淀粉勾芡, 尝味后, 可根据个人口味调整白糖或柠檬汁的用量。

平底锅中倒入橄榄油, 烧至**七成热**, 下入腌好的鳕鱼, **小火慢煎** 图2, 一面
-3 分钟, 至微微上色后翻面 图3, 煎至两面金黄后即可装盘, 此处要有耐心,
煎好就翻面的话, 会导致鱼肉易散。

小锅中倒入适量水, 烧开后下入荷兰豆嫩荚 图4、圣女果焯水, 捞出后和
的柠檬片一起摆盘, 再淋上调好的柠檬汁, 撒少许黑胡椒粉调味。

采购单

鳕鱼 2 块
圣女果少许
荷兰豆嫩荚少许

调料

盐 1 勺
浓缩柠檬汁少许
柠檬半个
水淀粉适量
白糖 1 小勺
黑胡椒粉适量
橄榄油适量

爆炒鱿鱼

扫一扫
跟孔瑶做美食

采购单｜鱿鱼 2 条

调料｜蒜 5 瓣，生抽 2 勺，蚝油 1 勺，青椒、干辣椒各 2 个，红彩椒 1 个，小葱适量，盐、食用油各少许

鱿鱼冲洗时，其中**内脏、白膜**一定要剔除干净，如果觉得还有腥味，可以**背部的深色外皮**也去掉。

取洗净的鱿鱼剪开后，用刀一切为二 图1。取一片鱿鱼平铺在案板上，刀斜切，切至三分之二处，**不要切断** 图2。

一面切好后，垂直于刚才的切面，继续斜切至三分之二处，切刀花。最后刀切成**长条状** 图3，放入碗中备用。

青椒、红彩椒去头去籽，切条备用。锅中清水煮沸，倒入切好的鱿鱼块水 图4，至**鱿鱼块卷起、变色即可捞出**，再放入冷水中浸泡备用。

另起锅，食用油烧**七成热**，下入切好的葱段、蒜片、干辣椒段爆香 图5，倒入鱿鱼卷煸炒 30 秒左右。

倒入青椒、红彩椒，调入生抽、蚝油 图6，大火翻炒 3 分钟，出锅前按个口味加盐调味。

刚出锅的鱿鱼色香味俱佳，鲜香中带着淡淡的辣味，吃完让人念念不忘。

虾仁炒蛋

扫一扫
跟孔瑶做美食

采购单 | 对虾200克,鸡蛋2个,胡萝卜1根
木耳50克

调　料 | 盐1勺,食用油、干淀粉各适量

虾仁鲜香滑嫩,怎么做都好吃。搭配鸡蛋和蔬菜一起清炒,调味也简单,做起来不会油腻也不会浓重,营养丰富,很适合给长身体的孩子食用。

胡萝卜去皮洗净,切薄片;新鲜木耳洗净,撕小朵;鲜虾去头剥壳,开背去虾线。如果是干木耳需提前泡发,冷冻虾仁可放凉水中解冻。碗中打入两个鸡蛋划散成蛋液。在蛋液中加入**适量干淀粉** 图1 会让鸡蛋的口感更滑嫩。

锅中倒入适量水,烧开后倒入虾仁,**煮至变红**即可捞出 图2 ,虾仁易熟不用煮太久,否则肉质会老。

另取锅加水烧开,倒入胡萝卜和木耳,焯水后捞出 图3 。

锅中倒入适量食用油,烧热后倒入蛋液 图4 ,炒成鸡蛋碎后盛出备用;底油,放入胡萝卜、木耳、虾仁翻炒均匀 图5 。

再倒入炒熟的鸡蛋碎,调入盐,翻炒均匀 图6 。

炒好的虾仁呈红色，配上金黄色的蛋块、黑色的木耳和橙黄色的胡萝卜，色彩饱满，吃着也满足。

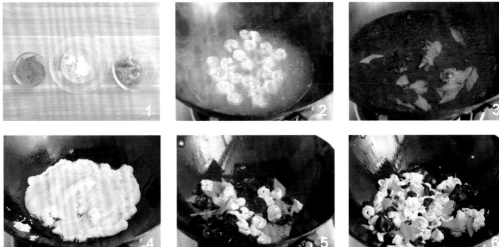

宫保虾球

扫一扫
跟孔瑶做美食

采购单 | 对虾 300 克,花生米 100 克

调 料 | 蚝油 1 大勺,料酒、白糖、干淀
各 1 小勺,香醋半勺,盐 1/4 ℓ
食用油、小葱、姜各适量

对虾去壳取出虾仁洗净,用刀开虾背,将深色部分的虾线去除 图1 ;小
洗净,切葱花;姜洗净,切末。

取处理好的虾仁加入盐、料酒和干淀粉,搅拌均匀后腌制 15 分钟,腌虾
一定要**把虾仁表面的水分擦干**,这样调料才能入味;花生米去皮 图2 。

热锅倒油,加热至微微冒青烟时,倒入虾仁过油炸一下,炸至虾肉变白 图3
捞出沥油。

锅内留底油,葱花、姜末入锅爆香,调入蚝油、香醋、白糖 图4 ,倒入虾
翻炒至裹满酱色 图5 。

将去皮花生米倒入锅内,翻炒均匀 图6 ,撒上一把葱花即可出锅。喜欢
辣口味的可放入一些干辣椒与花椒调味。

虾经过油炸基本已熟,再次翻炒的时间不要过长,否则口感会不够滑嫩。

Tips

　　如果是买新鲜的虾回来自己处理的话,可能会遇到虾壳太软不好剥
的情况。这里有一个小诀窍可以帮助你快速剥虾壳:将虾放入冰箱先冷
冻半小时,待虾肉稍变硬时,就能轻松剥壳了。

虾仁色泽红亮诱人，肉质饱满，入口嫩滑，还带着花生的焦香味，一口一个，根本停不下来。

伍

有滋有味的

蔬菜豆腐

麻婆豆腐

扫一扫
跟孔瑶做美食

采购单｜嫩豆腐1块，牛里脊肉50克

调　料｜生抽、盐各1勺，郫县豆瓣酱30克，花椒10克，小葱、姜、食用油各适量，水淀粉、花椒油各少许

取牛里脊肉洗净，去血污；小葱洗净，切葱花；姜洗净，切末。

牛里脊肉剁成碎末；豆腐切成长约 **1.5厘米左右** 的方块 图1 。锅中水烧开以后，下入豆腐块 图2 ，调入盐，煮 **3分钟** 左右，使豆腐更紧实，同时洗去豆腥味，捞出豆腐，沥干水分备用。

锅中倒入适量食用油，中小火烧至 **四成热** ，倒入花椒爆香 图3 ，捞出沥油。

倒入牛里脊肉末翻炒至发白，下入葱花、姜末和郫县豆瓣酱 图4 ，滴几滴花椒油，翻炒均匀。

倒入豆腐块，用锅铲轻轻翻炒均匀，力度要注意控制，**可用木质的锅铲**，以免豆腐碎掉。

调入生抽，加水淀粉勾芡 图5 ，翻炒均匀，加盐，烧至汤汁浓稠即可出锅。

Tips

麻婆豆腐选用嫩豆腐制作最佳，老豆腐豆腥味浓且口感不嫩滑，内酯豆腐则容易炒碎。

麻婆豆腐口感嫩滑，配上香辣的酱汁，一碗米饭根本不够。

荷塘小炒

采购单：莲藕1节，胡萝卜半根，荷兰豆嫩荚1小把，干木耳、百合各少许
调　料：盐2勺，葵花籽油适量

这道菜整体清淡爽口，不推荐使用调和油、大豆油、菜籽油等油味较重用油，最好选用**葵花籽油、玉米油**。

食材准备好。干木耳洗净，冷水泡发 图1 ；胡萝卜去皮洗净，切薄片；去皮洗净，切薄片；荷兰豆嫩荚洗净，去茎；百合剥瓣，洗净 图2 。

锅中倒入适量清水，烧开以后下入所有食材，**加1勺盐焯水**。盐水能保材的色泽使藕片不会发黑，食材焯熟后捞出，沥水备用。

重新起锅，倒入葵花籽油，烧热后下入焯熟的食材 图3 ，调入1勺盐 图翻炒均匀，即可出锅。

这道菜的食材选择多样，可加入山药、西蓝花等时鲜蔬菜。

香煎豆腐

扫一扫
跟孔瑶做美食

勾单：老豆腐 1 块

料：盐、白糖各 1 勺，小葱 2 根，干辣椒、孜然粉各少许，菜籽油适量

老豆腐洗净，切方形片，**厚约 1 厘米**；小葱洗净，切葱花；干辣椒切末。

锅中倒入油，烧热后下入豆腐片，**小火煎至双面金黄** 图1 。

均匀撒入盐、干辣椒末、白糖、孜然粉、葱花 图2 ，翻炒均匀后出锅 图3 。

菜籽油色泽金黄，带着股特殊清香，炸出的豆腐不仅色泽金黄，香味也更浓，
具没有可以用其他植物油代替。

在煎豆腐的过程中，可以适当地晃动一下锅，防止出现粘锅的情况。

普罗旺斯炖菜

扫一扫
跟孔瑶做美食

采购单 | 番茄 **2** 个，西葫芦、胡萝卜、洋葱
各半个

调　料 | 橄榄油 **10** 克，黑胡椒粉、海盐
各少许

番茄洗净以后取 1 个切片，另 1 个切块；洋葱、西葫芦、胡萝卜分别洗净切片  图**1**。将番茄块和洋葱片倒入破壁机中**打碎成泥状** 图**2**。

小奶锅中倒入适量橄榄油，烧至**七成热**，倒入打碎的番茄洋葱泥，搅拌均匀后撒海盐和黑胡椒粉 图**3**，**煮约 15 分钟**，至酱汁黏稠即可出锅。

取圆形烤盘倒入酱汁，将切片的食材沿烤盘一周堆叠摆放 图**4**。均匀撒上海盐和黑胡椒粉，再刷上少许橄榄油。

温度 200℃，**预热烤箱** 5~10 分钟。预热结束后将烤盘盖上锡纸，放置烤箱中层，温度 200℃，时间 20 分钟，烤制结束后取出即可食用。为了菜品色泽美观可盖上锡纸烤 15 分钟至熟，取下锡纸后再烤 5 分钟 图**5**。

丰富的色彩让人看一眼就觉得活力满满，只需少许海盐和黑胡椒粉提味，就把蔬菜的新鲜表现得淋漓尽致。

茄子粉丝煲

扫一扫
跟孔瑶做美食

采购单	茄子 2 个，龙口粉丝 1 小把，猪末 50 克
调 料	生抽、老抽、料酒、郫县豆瓣酱 1 勺，食用油、姜、蒜各适量

茄子洗净，切成 **1 指长**的茄条 图1 ；粉丝提前用凉水泡软；姜洗净，切末；蒜剥皮后切成蒜末。

锅中倒入适量食用油，烧至五成热时下入猪肉末 图2 ，调入料酒，**煸炒至发**

调入郫县豆瓣酱、姜末、蒜末，翻炒均匀 图3 ，下入茄条**翻炒 2~3**

钟 图4 。

倒入没过食材的开水，调入生抽、老抽，大火烧开，再倒入砂锅转中小火10 分钟左右。加入泡软的粉丝 图5 ，加盖小火焖煮约 3 分钟后关火。关火**利用砂锅散热慢的特点，再焖 1~2 分钟**，使茄子更入味。

砂锅受热均匀且保温效果好，茄子和粉丝在用砂锅焖煮之后味道更佳。果没有砂锅，也可在炒好茄子后，直接将泡好的粉丝放入炖锅中煮软。

Tips

挑选茄子时，先看颜色，以红紫或黑紫色、发亮有光泽的为优；再找花萼，在茄子的花萼与果实连接的地方，带状环越大越明显，则说明茄子越嫩越好吃；最后看外观，如果茄子粗细均匀，没有斑点或裂口，捏起来软硬适中有弹性，则说明口感较好。

茄子软烂入味,粉丝爽滑筋道,再舀上点汤汁往碗里一拌,连米饭都会变得有滋有味。

蜜汁糯米藕

扫一扫
跟孔瑶做美食

采购单｜莲藕 2 节，糯米 100 克

调　料｜冰糖 60 克，红糖 50 克，干桂花
红枣各适量

糯米**提前浸泡 2 小时**，捞出沥水 图1。

莲藕洗净，去蒂，削皮，取顶部约 2 厘米处切开，使藕孔露出 图2。

取泡好的糯米将藕孔填满，用筷子压实，**要保证把藕孔填满并按压紧实，**
样切开后才不会出现藕孔中空的情况 图3。

盖上刚刚切开的藕片，插上牙签固定，保证藕孔中的糯米不会在煮制时
出 图4。

将藕节放入高压锅中，倒入清水，放入冰糖、红糖、红枣、干桂花 图5，
上锅盖。冰糖调味，红糖上色，二者都必不可少。大火烧开后，**转中小火**煮
小时 图6。

取出晾凉后切片，在藕片上淋上汤汁，撒少许干桂花点缀，更加漂亮诱人

Tips

优先选择粗壮饱满，表皮无黑斑，藕节较短圆的莲藕，这样的莲藕比
较新鲜；藕孔较大，能装较多的糯米。不要选择藕两端露出藕孔的，这样
内部的藕孔会很脏，而且容易漏出糯米。

糯米藕香甜软糯,还带有丝丝桂花香气,一口咬下,甜蜜满满!

干煸四季豆

扫一扫
跟孔瑶做美食

采购单 | 四季豆 300 克

调　料 | 盐 1 勺，花椒、干辣椒、蒜各少许
食用油适量

四季豆洗净，沥干水分后去除首尾两端和茎，切段 图1 ；干辣椒切段去籽；蒜剥皮后，切末。

锅中倒入足量食用油，中大火烧至**七成热**后，下入四季豆 图2 ，**炸约 3分钟**，至外皮略皱后捞出。

锅中油继续用大火加热至**九成热**，接着下入四季豆**复炸 30 秒**，炸至**表皮金黄** 图3 ，四季豆收缩变小即可捞出，沥油。复炸可以使口感更好，而且能保四季豆完全熟透。

锅中**留底油**，烧热后下入花椒、干辣椒段、蒜末爆香 图4 。

下入四季豆，调入盐，翻炒均匀即可 图5 。

炸四季豆时，适当地撒入少许盐，可以保持四季豆的色泽。此外，没有熟的四季豆会引起食物中毒，所以一定要炸透了。

Tips

干煸是川菜中普遍运用的烹饪方法，处理这道菜时，炸四季豆不能用急火，要让水分慢慢蒸发，确保四季豆炸透并且保持鲜亮的色泽。

翠绿色的四季豆，配上红
色的辣椒，尝上一口，清脆爽
口，淡淡的辣味勾人食欲。

1

2

3

4

5

有滋有味的蔬菜豆腐

酥香茄合

扫一扫
跟孔瑶做美食

采购单 | 茄子 1 根，猪瘦肉 250 克，鸡蛋 2
调　料 | 姜 1 块，盐、生抽各 1 勺，生粉
　　　　面包糠各适量，食用油少许

猪瘦肉剁成肉末；姜洗净切末。**猪肉末中放入姜末、盐、生抽，搅拌上**

茄子洗净切茄合。先切厚约 2 厘米的茄片 图1，不要切断，用来放置肉馅
再切同等厚度的茄片，并且切断 图2。取适量肉馅放入茄合中，轻轻
扁 图3。

鸡蛋划散成蛋液，将茄合正、反两面裹上生粉后，裹上蛋液，**再裹上一层**
包糠 图4，如果面包糠包裹较少，可用手把面包糠往茄合上多拍一些。

放入垫有锡纸的炸篮中，表面刷少许食用油 图5，推入空气炸锅中，选
温度 200℃，炸 10 分钟。程序结束后取出，观察茄合是否炸至金黄 图6，如
觉得颜色偏浅可放入空气炸锅复炸 1~2 分钟。

软软的茄子，裹上面包糠，
炸成金黄酥脆的茄合，里面还
夹着鲜嫩的肉馅，一口一个，好
吃停不下来。

秋葵厚蛋烧

扫一扫
跟孔瑶做美食

采购单| 鸡蛋 3~4 个，秋葵 4 根
调　料| 盐 1 小勺，白糖、橄榄油各少许

　　裹着"五角星"的秋葵厚蛋烧，口感嫩嫩滑滑的，总能吸引孩子的目光，让小宝贝们爱上吃蔬菜就是这么简单！

　　碗中打入鸡蛋，划散成蛋液，加入白糖、盐搅拌均匀 图1 。

　　秋葵洗净，去蒂。锅中倒入适量水，调入少许盐，烧开后下入秋葵，焯约分钟，至**秋葵颜色变翠绿** 图2 ，捞出冲冷水。

　　不粘平底锅中倒入少许橄榄油，舀入适量蛋液，**小火**摊平 图3 。全程小火才能保证蛋饼滑嫩的口感。

　　放入秋葵 图4 ，在蛋液底部成形、表面未完全凝固时卷起蛋饼 图5 。这样可以保证卷蛋皮时，每一层蛋皮都能粘合在一起，切开时不会散。

　　如果蛋饼厚度不够，可在锅中空白处再舀入**半勺蛋液做成蛋饼**，在卷好的厚蛋烧上再裹上一层蛋饼。出锅后切开，可配上酱料一起食用。

Tips

　　喜欢吃咸一点的，可以裹入海苔碎、肉松等，也可以蘸生抽吃；喜欢吃甜口味的可以蘸梅子酱、番茄酱吃。

秋葵被裹上软软的蛋皮，咬上一口，既能感受到蛋皮的软嫩，又能品尝到秋葵的爽脆感！

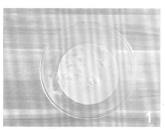

地三鲜

扫一扫
跟孔瑶做美食

 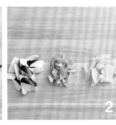  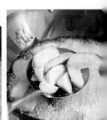

采购单：茄子 1 根，土豆 1 个，青椒 1 个
调　料：盐、白糖各 1/4 小勺，生抽、蚝油各 1 大勺，姜末、食用油各适量，蒜末少许

准备好食材 图1 。茄子、土豆、青椒分别洗净，切块 图2 。

锅内倒入油烧热，倒入土豆块 图3 炸至**金黄色**，捞出沥油；倒入茄子，炸至金黄色捞出沥油 图4 。茄子比土豆难炸，放在一起炸容易把土豆炸焦。

锅内留底油，倒入姜末爆香。

先调入 1 大勺蚝油，炒匀后再调入生抽、白糖、盐，继续炒匀。

倒入土豆块、茄子块和青椒块，**翻炒至食材变软即可**，最后出锅时可以加少许**蒜末**来提味提香。

咸蛋黄焗山药

扫一扫
跟孔瑶做美食

单：铁棍山药2根，熟咸鸭蛋2个

料：生粉、食用油各适量，葱花少许

　山药去皮洗净，切成长**约3厘米**的小段，放入蒸锅 **图1**，中大火蒸约10分
至能用筷子轻易戳透山药。山药蒸熟后取出，放入盘中，均匀裹上生粉。

　锅中倒入适量食用油，烧至七成热后下入山药，**中小火炸至表面微微金黄后**
沥油 **图2**。

　取出熟咸鸭蛋黄，用勺背碾碎，锅中留底油，烧至五成热，下入咸鸭蛋黄碎，
翻炒至冒气泡 **图3**。下入炸好的山药，翻炒至**均匀裹上咸鸭蛋黄碎**，撒上葱花，
出锅 **图4**。

　剩下的熟咸鸭蛋白可切成碎末，在炒菜时加入提味增鲜。

青椒涨蛋

采购单：青椒 3 个，鸡蛋 4 个

调　料：盐 2 勺，食用油适量

　　青椒去蒂去籽，清洗干净 **图1**，洗完青椒后如果手部发烫，可以用酒精擦或用陈醋水浸泡清洗。

　　青椒**先切细条，再切小块**，放入碗中备用 **图2**。青椒切细条以前可以用刀拍一下，便于切条。

　　青椒碗中打入鸡蛋，调入盐 **图3**，用筷子将青椒块与鸡蛋顺一个方向搅均匀。

　　不粘锅中倒入适量食用油，烧至**五成热**后倒入青椒蛋液 **图4**，迅速划散，不要翻炒太久，否则口感会老，炒熟即可出锅。

　　如果想做成青椒蛋饼，则往锅中倒入蛋液后**不划散**，煎至成型后翻面即可。

玉

米

烙

扫一扫
跟孔瑶做美食

]单：甜玉米粒 300 克

料：玉米淀粉 40 克，白糖、食用油各适量

玉米罐头中取适量玉米粒，沥干水分后倒入无水、无油的碗中 图1 ，再倒
米淀粉 图2 ，用筷子搅拌均匀，要**保证每粒玉米都裹上玉米淀粉**。如果是用
玉米粒，需要先放锅中煮熟后沥干水分，放凉后取用。

平底锅中倒入少许食用油，轻轻晃动锅体，使油布满锅底，开小火烧至**五成热**。
裹上玉米淀粉的玉米粒，用锅铲铺平、压紧 图3 ，**开小火煎 3 分钟左右**，让
粒都粘连在一起，呈饼状。

再倒入没过食材的食用油，**转中火**炸 3 分钟左右，炸至玉米粒金黄酥脆。将
的玉米烙放入铺好厨房纸的盘中，**吸去多余的油分**。均匀地撒上白糖后，切
用 图4 。

酥炸藕丸

扫一扫
跟孔瑶做美食

 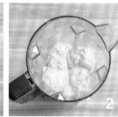  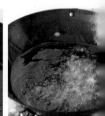

采购单：莲藕 2 节
调　料：盐 1 勺，食用油适量

　　莲藕去皮洗净后切小块 **图1** 。将莲藕块放入破壁机中，盖上盖子，转速至 3 挡，配合搅拌棒，按"开始"键，搅拌约 2 分钟。由于破壁机型号不同，转速不要太高，边打边观察，至莲藕变成细腻的藕泥即可 **图2** 。

　　碗中铺过滤纱布，取出藕泥放入碗中，挤出水分。藕泥的水分**不用挤得太**保留一些水分口感会更好。藕泥中调入盐拌匀，掌心抹少许食用油，取适量藕搓圆。

　　锅中倒入足量食用油，烧至**五成热**后，将藕丸下入油锅中 **图3** ，炸约钟至**表面金黄且变硬**后捞出 **图4** ，放厨房纸上吸去多余油分。

　　炸好的藕丸外酥内软，推荐配上番茄酱一起食用。

卷心菜炒粉丝

扫一扫
跟孔瑶做美食

单：卷心菜 300 克，粉丝 100 克

料：蒜 2 瓣，盐、白糖各 1/4 小勺，生抽 1 小勺，食用油适量

粉丝用温水泡软 图1 ，捞出剪成段，沥干水分；蒜洗净剥皮，切末。

卷心菜洗净切成细丝 图2 。锅内入食用油，放入蒜末爆香，倒入卷心菜丝，**至卷心菜发软**。

调入生抽、白糖和适量清水 图3 ，翻炒均匀，清水只需 2 勺，因为卷心菜本含水分。

倒入粉丝，**翻炒 2 分钟至汤汁收干** 图4 ，调入盐，炒匀关火即可。

炒粉丝容易粘锅，除了要加些水外，炒菜所需的油量也要比平常多一些。

拔丝地瓜

扫一扫
跟孔瑶做美食

采购单| 红薯 300 克

调　料| 白糖 120 克，食用油适量

准备好食材 图1。红薯洗净，去皮后切滚刀块。

锅中倒入适量食用油，烧至**六成热**后下入红薯块，中大火炸约 3 分钟，炸**表面焦黄**捞出，沥油。

另取不粘锅，倒入适量清水，倒入 70 克白糖搅拌至完全溶化 图2，**小火**熬至糖水变黏稠、出现焦糖色，并能闻到糖香 图3。这里一定要**开小火**慢慢白糖熬成焦糖色，以保证糖浆的黏稠度足够包裹红薯块。

当白糖变至焦糖色时，迅速倒入炸好的红薯块，翻炒使其均匀裹上焦糖 图4

盛出红薯块，放盘中备用。**出锅前可先在盘子上抹少许食用油**，这样裹了浆的红薯块就不会粘盘子了。

另取不粘锅，加适量清水，倒入 50 克白糖搅拌均匀，**小火**熬至糖水变黏成焦糖色。用叉子或筷子蘸糖浆慢慢向上提，拉出丝后，趁热围着红薯块绕**从下开始慢慢往上绕** 图5。

Tips

　　用叉子或筷子裹糖浆之前可以在热油中泡一下，以减缓糖浆变冷凝固的速度。
同时开微火，随时加热，防止锅中的糖浆冷却凝固。

有滋有味的蔬菜豆腐

酸甜豆腐

   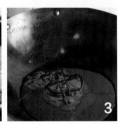 

采购单：老豆腐2块

调　料：生粉3克，番茄酱2勺，生抽、白糖各1勺，食用油适量

老豆腐切成厚约1厘米的豆腐块 图1 ，平底锅中倒入少许食用油，下豆腐块，小火煎至豆腐块双面金黄 图2 取出备用。

另取炒锅，挤入番茄酱并倒入适量清水 图3 ，**小火**翻炒沸腾。**炒酱用小火**，如果水倒多了，可加酱，保证酱汁的酸甜度。

调入生抽、白糖，搅拌均匀，再将生粉加半碗清水混合，调匀后倒入锅，搅拌均匀熬至汤汁浓稠 图4 。

取煎好的豆腐块，淋上酱汁即可。

笋炒木耳

单：春笋 250 克，干木耳 10 克，青椒 1 个

料：盐 1/4 小勺，食用油适量

春笋洗净切丁；干木耳温水泡发，洗净后撕小朵；青椒洗净，切小丁 图1 。

锅中加入适量水烧开，笋丁、青椒丁、木耳入锅焯水 图2 ，然后捞出。春笋前一定要先焯水，去掉春笋自身的青涩味。

热锅入食用油**烧至七成热**，倒入笋丁、青椒丁、木耳，翻炒 1 分钟 图3 。

根据个人口味调入盐 图4 ，炒匀后出锅。如果觉得滋味寡淡，可调入 1 勺提味，但会破坏菜品清淡色泽。

茄汁海鲜菇

扫一扫
跟孔瑶做美食

采购单｜番茄 1 个，海鲜菇 250 克

调　料｜白糖、盐各 1/4 小勺，小葱、食
　　　　油各适量

番茄洗净，切滚刀块；海鲜菇去根洗净，切小段，**不用切得太细碎**，否则影响口感；小葱洗净，切葱花。

锅中加入适量水烧开，海鲜菇入锅焯水 图1 后捞出沥水。海鲜菇较嫩易折断，焯水时动作要轻柔一些。

另起锅倒入食用油烧至**七成热**，放入番茄块，煸炒出大量的汁水 图2 。了菜肴的美观度可提前将番茄皮去除。

转小火，根据番茄的酸甜度**调入适量白糖** 图3 ，搅拌均匀。如果酸度不亦可挤入一点柠檬汁。

倒入海鲜菇，调入盐，翻炒均匀 图4 ，最后将汤汁收至浓稠 图5 ，撒葱花即可出锅。

将蔬菜切滚刀块能增加食材翻炒时的酱汁接触面积，会让食材更入味，适汤汁较多偏炖煮的做法。

Tips

这道菜的关键在于调出番茄汁以丰富海鲜菇的口感，如果买来的番茄出汁量太少，可以适量地倒入小半碗水和 1 大勺番茄沙司中和一下口味。

鲜美清嫩的海鲜菇，与酸甜的番茄酱汁相得益彰，原来吃素也能如此美味！

香辣藕片

扫一扫
跟孔瑶做美食

采购单 | 莲藕 300 克

调　料 | 生抽、辣椒油各 1 大勺，白糖、盐各 1/4 小勺，小葱、姜、蒜、红尖椒、花椒、食用油各适量

　　小葱洗净，切葱花；姜洗净，切丝；蒜洗净剥皮后切片；红尖椒切碎；莲藕洗净去皮切成薄片，放入水中浸泡 10 分钟 图1 。莲藕切片后容易发黑，放入水中能保持藕片白嫩。

　　锅中加入适量水烧开，藕片入锅焯水 图2 后捞出，焯水是为了去掉藕片的淀粉，使藕片口感更脆嫩。

　　另起油锅**烧至七成热**，将姜丝、蒜片、花椒和红尖椒碎 图3 入锅爆香。

　　倒入莲藕片 图4 ，快速翻炒数下，调入生抽、白糖、辣椒油，再翻炒均匀。

　　根据个人口味调入适量盐 图5 ，翻炒均匀 图6 ，出锅撒上葱花即可。

　　花椒和辣椒油的量根据个人的喜好控制，但不宜太少，不然香辣味不够浓郁。

Tips

　　莲藕要挑选藕节粗且短，外形较饱满的，不仅有利于切片，口感也更脆嫩。

　　炒藕片时放少许姜丝可以去除藕片自带的泥腥味。如果喜欢清脆爽口的口感，在翻炒藕片时要尽量大火快炒。

紫甘蓝炒豆皮

扫一扫
跟孔瑶做美食

采购单：紫甘蓝 300 克，豆皮 1 张，青椒 1 个，红彩椒 1 个
调　料：盐 1/4 小勺，蒜、食用油各适量

紫甘蓝洗净切丝 图1；豆皮、青椒、红彩椒分别洗净，切丝；蒜洗净剥切末。锅中加入适量水烧开，将紫甘蓝丝、豆皮丝入锅焯水 图2 后捞出。

热锅倒油烧至七成热，蒜末入锅爆香，倒入紫甘蓝丝、豆皮丝。

炒至紫甘蓝**稍稍变软**，倒入青椒丝和红彩椒丝，翻炒数下 图3。青椒和彩椒不宜多放，如果太辣会掩盖掉紫甘蓝本身清甜的味道。

根据个人口味调入盐 图4，翻炒均匀后出锅。

紫甘蓝营养丰富、口感清甜，也可以搭配上沙拉酱凉拌食用，清爽开胃。

蚝油茭白

扫一扫
跟孔瑶做美食

勾单：茭白 2 根

料：蚝油 1 大勺，豆瓣酱 1 小勺，小葱、蒜末、白糖、食用油各适量

茭白洗净，去外皮和老根后切滚刀块；小葱洗净，切葱花。

锅内加入适量水烧开，倒入茭白块 **图1** **焯水约 1 分钟**后捞出沥水。茭白草

量较高，焯水可去除其生涩口感。

热锅倒油烧至**七成热**，葱花、蒜末入锅爆香，调入豆瓣酱 **图2** 炒散。

倒入茭白块，翻炒至茭白块略干 **图3**，调入蚝油、白糖，加入少量水，充分

均匀 **图4**，**焖 2 分钟**至汤汁收干，撒上葱花即可出锅。

如果家中备有高汤，可以用高汤来代替水，这样茭白的味道会更鲜美。

陆

有饭有菜
一锅出

蛋包饭

扫一扫
跟孔瑶做美食

采购单	鸡蛋 3 个，胡萝卜、烤肠各 1 根，西蓝花 2 小朵，米饭 1 碗，甜玉米粒、豌豆粒各适量
调　料	盐 1 勺，番茄酱、食用油各适量

胡萝卜洗净，去皮切丁；烤肠切粒备用 图1 。将胡萝卜丁、甜玉米粒、豌豆粒下开水焯熟备用。

取 2 个鸡蛋打入碗中划散成蛋液，将不粘平底锅烧热，**刷少许食用油**，倒入蛋液 图2 ，摇晃锅身使蛋液铺平锅底。保持**小火**煎至蛋液凝固 图3 ，翻面再煎片刻即可出锅。煎蛋皮一定要用小火，不要煎太久，否则口感会老，颜色会不嫩黄。

另取锅，倒入适量食用油，另取 1 个鸡蛋划散成蛋液，倒入锅中翻炒，接着倒入胡萝卜丁、甜玉米粒、豌豆粒、烤肠粒翻炒均匀 图4 。最后倒入米饭与番茄酱，调入盐 图5 ，翻炒均匀后出锅，蛋包饭中的炒饭便完成了。

平盘中铺蛋皮，一侧舀入**适量炒饭** 图6 ，翻起**另一侧**蛋皮盖上，挤上番茄酱，再用 2 朵焯水后的西蓝花作为点缀即可。

Tips

摆造型的话，提供 2 种思路。

碗形蛋包饭：取一个凹形盘，放入蛋皮，蛋皮中间舀入炒饭；四边朝上翻折叠好，再上下翻转使平底蛋皮朝上；用刀划"十"字，将划开的蛋皮向下翻边。

猫咪蛋包饭：平盘中铺蛋皮，舀入炒饭调整成方形；四边朝上翻折叠好，再上下翻转使平底蛋皮朝上；用番茄酱在蛋皮和盘子上挤出猫咪图案；最后，再用 2 朵焯过水的西蓝花作为点缀，摆盘完成。

金黄色的蛋皮包裹着炒饭，
口味酸甜，配上豌豆粒和玉米粒，
是一道非常受孩子喜爱的主食。

秘制鲜虾粥

扫一扫
跟孔瑶做美食

采购单| 对虾 250 克，大米 80 克
调　料| 盐 1 勺，姜、食用油各适量

大米洗净，放清水中浸泡半小时 图1 ；姜洗净，切丝；对虾洗净，去虾头剥壳，开背去虾线 图2 。

将虾头剪开，用清水冲洗掉里面的黑色部分，用厨房纸巾吸干水分。锅中倒入适量食用油，烧至**七成热**，放入处理好的虾头炸虾油 图3 ，待虾油红亮后过滤倒入碗中备用，剩余的虾油可以用来凉拌或炒菜。

锅中倒入适量水，烧开后放入虾肉，煮至**变红** 图4 捞出备用。

将浸泡好的大米放入砂锅中，加入清水，开大火煮至沸腾后转小火慢熬1时。**米与水的比例约 1：5**。煮粥时需要不时搅拌一下，不然容易煳底。

粥熬好后，放入煮好的虾肉和姜丝 图5 ，调入 1 勺盐，搅拌均匀。

倒入适量虾油，小火煮**约 5 分钟**后即可关火，关火后不要立即盛出，放片刻味道会更香。

粉红色的虾仁点缀在浓浓的白粥里，姜丝掩盖了虾仁的腥味，只留下十足的鲜味。

菠萝炒饭

扫一扫
跟孔瑶做美食

采购单	甜玉米粒30克,菠萝、鸡蛋各1个,胡萝卜、黄瓜各1根,米饭1碗
调 料	盐、食用油各适量

菠萝从中间切开,一分为二,用刀从**四周斜切入果肉2/3深**,挖出凹槽 图1,可以用勺子把多余的果肉挖出备用。

菠萝果肉切小丁;胡萝卜去皮洗净,切小丁;黄瓜洗净,切小丁 图2。

锅中**倒入适量清水烧开**,倒入胡萝卜粒、黄瓜粒 图3、甜玉米粒,加量盐,焯水后取出备用。

鸡蛋打散成蛋液,锅中倒入适量食用油,中火烧至**七成热**后倒入蛋液,翻均匀,倒入米饭,翻炒均匀 图4。米饭尽量煮得硬一点,直接使用隔夜饭最佳能够炒出嚼劲。

倒入胡萝卜粒、黄瓜粒、玉米粒,调入盐,翻炒均匀后再放菠萝丁 图5,此时翻炒不能过久,以免菠萝丁因炒的时间过长水分流失,口感受损,炒好后在菠萝凹槽中即可。

将挖空的菠萝用烤箱烤制一下,能烤出菠萝的香味,口感更佳。

家里有不喜欢吃饭的小朋友，可以试试这道菠萝炒饭，色彩缤纷，营养丰富。

珍珠丸子

扫一扫
跟孔瑶做美食

采购单 | 猪肉末 400 克，糯米 150 克，虾
适量，鸡蛋 1 个

调 料 | 盐 2 勺，料酒 1 勺，小葱、姜各适

糯米洗净，提前**浸泡 4 小时以上**；对虾剥壳，保留虾尾，用牙签挑去虾
小葱洗净，切葱花；姜洗净，切末。

取小碗放入虾仁、葱花、姜末，调入 1 勺料酒和 1 勺盐 **图1**，搅拌均匀，腌
约 20 分钟。

另取碗，放入猪肉末、葱花、姜末、1 勺盐，打入鸡蛋**图2**，用手抓匀，朝
一个方向搅拌上劲。

取适量肉馅于掌心，**包入虾仁**，露出尾部，搓圆 **图3**。

泡好的糯米取出沥干水分，铺在盘子上。包好虾仁的肉馅裹上糯米 **图4**
裹好后放入盘中，入蒸锅 **图5**。**大火上汽后转中火**，蒸约 20 分钟。

这样做出的珍珠丸子，味道会淡一些，但外观可爱诱人，如果想口味更好
话，可以适当在肉馅中加入 1 小勺生抽。

糯米裹着肉馅，
肉馅包着虾仁，一口
下去尽是软糯鲜美，
让人意犹未尽。

蟹黄炒饭

采购单 | 母蟹 2 只,熟咸蛋黄 1 个,鸡蛋 2~
胡萝卜、豌豆各适量,米饭 1 碗

调 料 | 盐、食用油各适量

扫一扫
跟孔瑶做美食

母蟹清洗干净,**入锅蒸 15 分钟**后取出蟹黄 图1。

将蟹黄和熟咸蛋黄**混合均匀** 图2;胡萝卜去皮洗净,切丁,和豌豆一起锅焯熟 图3。锅中倒油烧热,倒入打散的蛋液,炒至凝固,加入拌匀的蟹黄熟咸蛋黄 图4,翻炒均匀后倒入胡萝卜丁和豌豆 图5。

倒入米饭,翻炒均匀 图6。炒饭宜用隔夜饭,没有的话也可用新煮的米饭在煮饭之前先将米浸泡 30 分钟,按**米水比例 1∶0.9**煮,这样煮出来的米饭干一些,炒出的饭不粘连,有嚼劲。

出锅前撒少许盐,蟹味满满,鲜香诱人。

浓郁鲜香的蟹黄味，
加上淡黄诱人的色泽，真
是好滋味。

喷香羊肉焖饭

扫一扫
跟孔瑶做美食

采购单	羊肉 250 克, 洋葱、土豆各 1 个 香菇 2 朵, 胡萝卜 1 根, 大米 1 碗
调 料	料酒、生抽各 1 勺, 盐 3 勺, 食 油适量

洋葱洗净,剥去外皮,切丁;香菇洗净,去蒂,切丁;胡萝卜、土豆去皮,切丁

羊肉洗净,切小块,**倒入料酒和 1 勺盐,用手抓匀** ,腌制 20 分钟若羊肉膻味较重,可先加白醋汆水,煮至浮沫溢出,捞出洗净,也可在焖饭中少许山楂或红枣以去腥。

锅中倒入适量食用油,下入腌制好的羊肉,**翻炒至变色** 图2,依次下入葱丁、胡萝卜丁、土豆丁、香菇丁,翻炒均匀 图3。

倒入没过食材的开水 图4,调入生抽和盐,大火烧开,炖煮至汤汁浓稠

大米洗净后**微微沥干**,倒入电饭锅中,浇上炖煮好的羊肉浓汤,选择"煮功能",程序结束后即可 图5。

Tips

　　喜欢吃含有锅巴的米饭可以选用砂锅制作，在下入洗净的大米之前，先在砂锅内壁和底部刷上薄薄的一层食用油，这样制作出来的锅巴更香脆。

销魂卤肉饭

扫一扫
跟孔瑶做美食

采购单	五花肉 250 克, 洋葱 1 个, 鸡蛋 2~3 个, 青菜 2 棵, 香菇 5 朵, 米饭 1 碗
调　料	八角 2 个, 香叶 2 片, 料酒、老抽、生抽、盐各 1 大勺, 冰糖 10 克, 熟黑芝麻适量

五花肉洗净, **切块去皮**, 切丁备用 图1 ; 鸡蛋洗净煮熟, 剥壳备用; 洋葱洗净剥皮, 切丁; 香菇洗净, 切丁。

锅烧热后下入五花肉丁, **中火煸炒出猪油** 图2, 捞出肉片备用。五花肉仍选五花三层肥瘦相间的, 煸出猪油可用来提香。

锅中**留底油**, 倒入八角、香叶、洋葱丁爆香, 再倒入香菇丁翻炒均匀, 放入肉丁, 调入料酒、老抽翻炒上色 图3。倒入没过食材的清水, 放入冰糖, **烧开后放入鸡蛋**, 调入生抽、1 勺盐 图4, 转小火, 炖煮约 1 小时, 至汤汁浓稠, 汤汁可用来拌饭吃, 因此不要收干。

另取小锅倒入适量清水, 烧开后加入少许盐, 放入洗净的青菜, **焯水约 30 秒**后 图5 即可捞出沥水。

米饭装盘, 舀上卤肉, 配上青菜、鸡蛋、熟黑芝麻即可。

卤肉可以多做一点，用来拌面或拌饭都是不错的选择。做好后放冰箱冷藏，可以保存 2~3 天，要想保存的更久一点，可以冷冻储存，取用时提前解冻即可。

酒酿元宵

采购单

糯米 300 克
小元宵适量

调 料

甜酒曲 2 克
干桂花适量

取出酵素机的发酵杯体，开水消毒后先用厨房纸擦一遍，再自然晾干，防发酵时出现杂味。

取糯米浸泡**约 8 小时**，蒸锅铺纱布，将泡好的糯米放入蒸锅中铺平，用手几个小洞，以便透气**图1**，**中火 30 分钟蒸熟**，放至温热后，舀入大碗中。倒甜酒曲和少许凉白开，戴上手套抓匀，力度要轻，注意不要捏碎糯米。抓匀后即将混合好的糯米转移到发酵罐中，用手按压紧实。

先用手指在压实的糯米**中间戳一个洞图2**，让混合后的米饭充分接触气。然后在按压好的糯米表面再撒少许甜酒曲，盖上密封盖。将发酵罐放入素机中，选择"米酒功能"，定时 48 小时，程序结束后冷藏保存。取适量小元宵放入锅中煮熟，倒入酒酿**图3**搅拌均匀，略煮 2~3 分钟后出锅**图4**，撒上干花装饰。

咖喱鸡肉饭

扫一扫
跟孔瑶做美食

琵琶腿洗净,先划一刀,再沿着鸡骨切开,将鸡骨从鸡腿肉中剥离。鸡腿肉切丁,碗中,调入盐、生抽、料酒,搅拌至调料被吸收,**腌制约30分钟**。

土豆、胡萝卜去皮,洗净切丁 图1 ;洋葱切去头尾,剥掉外层的皮,切片。倒入适量食用油,烧热后下入鸡肉丁**翻炒至变白** 图2 ;下入土豆丁、胡萝卜洋葱片,翻炒均匀 图3 。倒入没过食材的清水,放入咖喱块,咖喱块可根据口味选择辣或不辣的。

大火烧开后转小火,煮至汤汁浓稠 图4 ,此时如果觉得不够味,可再加入咖喱块或盐。喜欢咖喱汁稀一点的可以多放一些热开水,喜欢浓稠一点的可火多煮一会儿。汤汁不要收得太干,**咖喱鸡肉饭蘸着汤汁才更美味**。

采购单

琵琶腿 3 个
土豆 2 个
胡萝卜 1 根
洋葱半个

调 料

咖喱 2~3 块
盐 1 勺
料酒 1 勺
生抽 1 勺
食用油适量

芝士焗饭

扫一扫
跟孔瑶做美食

采购单	培根1片，米饭1碗，芝士碎、胡萝卜、玉米粒、豌豆粒各适量，洋葱1个
调　料	盐、生抽各1勺，食用油适量

只用几分钟，一份热乎乎的焗饭就能做好上桌，金黄浓郁的芝士、咸香的培根和新鲜的洋葱，搭配香糯的米饭，特别适合周末一个人在家时用来犒劳自己！

洋葱去皮洗净，切小丁；培根片切碎；胡萝卜去皮洗净，切丁 图1。

锅中倒入适量食用油，烧至**七成热**后下入洋葱丁煸炒至半透明 图2。

加入切好的培根碎和胡萝卜丁、玉米粒、豌豆粒翻炒 图3，翻炒均匀后入盐和生抽，倒入米饭，一起翻炒均匀 图4。不喜欢生抽的话也可以用黄油饭，还可增加奶香。

将炒好的饭装入容器中，均匀铺满**芝士碎** 图5。

温度200℃，预热烤箱5~10分钟，预热结束后将容器放置烤盘中层 图6，选择**温度200℃，烤制10分钟左右**。时间可依照个人烤箱适量调整，因为米是炒熟的，只需把芝士烤化，所以烘烤时间不必太久。

烤至芝士碎熔化，**呈金黄色**即可取出食用。炒饭的料可以随意搭配，洋葱好多放，经过烤箱加热能够增香提味。

奶香浓郁的芝士下藏着柔软香甜的米饭与新鲜的时蔬，满满一口下去全是满足。

1

3

4

5

6

柒

美味小吃

轻松做

冰花煎饺

扫一扫
跟孔瑶做美食

采购单 | 五花肉 250 克,饺子皮 500 克,
虾 10 只,鸡蛋 1 个,鲜香菇 5 朵

调　料 | 小葱 3 根,姜 1 个,盐、老抽各 1 ┊
生抽 1 大勺,玉米淀粉 10 克,
用油适量

对虾去头,剥壳,去虾线,**剁成虾糜**图1；五花肉洗净切块,剁成肉末；
菇、小葱、姜分别洗净切细末。剁肉可用刀刃,但**剁虾一定要用刀背**,这样才
会破坏虾肉的弹性,吃起来细腻有嚼劲。

碗中倒入肉末、葱末、姜末,打入鸡蛋,调入盐、生抽和老抽图2,顺着
个方向搅拌上劲,搅拌均匀后倒入虾糜、香菇末,继续顺着刚才的方向搅拌均

手指蘸少许水抹在饺子皮边缘,取适量馅**放在饺子皮中间 1/3 处**图3
先将饺子皮向内对折捏紧,包紧肉馅,再将两边的皮往中间折叠,捏紧。

平底锅烧热,倒入少许食用油,**开小火**,放入饺子围成一圈。

取玉米淀粉加清水调匀成水淀粉,倒入锅中图4,**加盖小火**煮至水淀粉
腾图5,要保持小火,这样焖出的冰花底才会香脆。

焖至水淀粉**彻底收干**,形成冰花底后出锅图6。冰花煎饺出锅之后一
倒着摆放,冰花皮朝上才不会变软。

如果没有时间现做饺子,用超市售卖的冷冻饺子按照上述方法也
做出冰花煎饺。

这小小的冰花不仅会提高煎饺的颜值，同时还会丰富煎饺的口感，吃起来更香更脆。

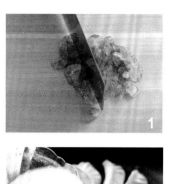

韭菜合子

扫一扫
跟孔瑶做美食

采购单｜中筋面粉、韭菜各 **400** 克，鸡蛋 4

调　料｜盐 **2** 勺，食用油适量

取揉面所需的盆，盆中倒入中筋面粉和水，用手**抓成絮状**，分次倒入水，成**"三光状态"的面团**，盖上保鲜膜静置 20 分钟 图1 。"三光状态"是指面光滑、揉面盆内壁光滑、手光滑。

碗中打入鸡蛋，划散成蛋液，锅中倒入适量食用油，烧至六成热，倒入蛋炒成鸡蛋碎 图2 。

韭菜洗净，**沥干水分**，切末放入碗中备用。将炒好的鸡蛋碎倒入韭菜碗调入盐和少许食用油，搅拌均匀 图3 。

取出醒发好的面团，可先撒少许面粉于案板上防粘，搓成**长条状**，用刮板分成 12 个面剂子 图4 。

取 1 个面剂子，擀成**厚约 1 毫米**的圆饼皮，舀入韭菜鸡蛋馅，对折饼皮呈**圆形**，捏紧边缘，用叉子按压出花纹 图5 ，余下 11 个面剂子依次捏好。

取平底锅开小火，锅底刷油，放入韭菜合子，煎至饼皮双面**焦黄** 图6可出锅，不要煎太久，否则饼皮会干硬。

韭菜剁碎，与炒熟
的鸡蛋一起包进饼皮
中，小火煎熟，外皮金黄
酥脆，韭菜香气扑鼻！

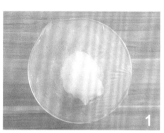

葱香花卷

扫一扫
跟孔瑶做美食

采购单｜中筋面粉 300 克

调　料｜白糖 20 克，酵母 3 克，葱花 1 小把
　　　｜盐 1 勺，植物油适量

　　酵母用温水化开，活化酵母的水温最好保持在 **37~40℃之间**。盆中倒入中筋面粉、白糖，用手揉成"三光状态"的面团 图1。"三光状态"就是前文提到的盆光、面光、手光的状态。

　　面团放入发酵箱中，选择**温度 28℃，相对湿度 70%，发酵 1~2 小时**。面团发酵至 2 倍大后取出，如果没有发酵到位，可适当延长发酵时间，如果没有发酵箱，也可盖上保鲜膜，放置室温下发酵 图2。

　　取出发酵好的面团，在案板上撒少许面粉防粘，排气整形，擀成长方形的面皮后刷上一层薄油，均匀地撒满葱花和盐，也可放少许胡椒粉调味。取长边面皮向中间翻折，刷薄油后 图3，再对折，用刮板切成**长约 5 厘米、宽约 3 厘米**的剂子 图4。

　　取 1 个面剂子，用筷子在中间压出一道褶后对折 图5，轻轻撕拉长一点，取两头朝相反方向拧一圈，捏紧交叉口 图6，余下的面剂子重复操作即可。

　　蒸锅中倒入适量水，蒸屉铺纱布，放入花卷面团，大火蒸约 10 分钟，蒸后需要**闷放 2~3 分钟再出锅**，避免花卷遇冷回缩，破坏造型。蒸之前可先将面团放在蒸锅中醒发 15 分钟，口感更绵软。

做葱香花卷的时候，先将切好的葱花用油拌一下，包入面团蒸的时候要控制好时间，不要太长。这样蒸好后，花卷中葱花的颜色就不会变黄。

电饭锅版蛋糕

扫一扫
跟孔瑶做美食

采购单| 低筋面粉、牛奶 40 克，鸡蛋 4 个
调　料| 玉米油 40 克，白糖 30 克，柠檬半

将鸡蛋打碎，分离蛋白，取出蛋黄分别盛入碗中 图1。划散蛋黄，倒入玉米油和牛奶，挤入少许新鲜柠檬汁，去除鸡蛋腥味，再将低筋面粉过筛入碗，**用动打蛋器**，搅拌成均匀的面糊备用。搅拌时不要用打圈的方式，要用**前后划动**手法，这样面粉不容易起团。

取分离后的蛋白打发，白糖需分 3 次加入。首先，电动打蛋器**开高速挡**，发到起**鱼眼泡** 图2，倒入 1/3 白糖；当蛋白继续打发至**体积膨胀、颜色变白**再倒入 1/3 白糖；最后，蛋白打发至出现**明显纹路** 图3，提起电动打蛋器会住蛋白霜，然后再缓缓滑落时，倒入剩下的 1/3 的白糖。

电动打发器调至中低速挡，继续打发，**至蛋白霜硬挺**、提起电动打蛋器时带出不掉落的小弯钩 图4。将蛋白霜分次倒入面糊中，采用**切拌（切开蛋白霜和翻拌（与面糊融合）**的手法，搅打至成顺滑细腻的面糊 图5。切拌和翻拌手法可提前练习，应用熟练后，蛋糊才不会消泡，以避免蛋糕做出来后出现塌陷

电饭锅内胆底部刷少许玉米油，防止煳底。将面糊倒入电饭锅内胆中，**轻震动几下** 图6，震出面糊中的气泡。

按下煮饭键，2 分钟左右会跳到保温挡，用湿毛巾捂住出气口，闷 20 分钟再按一次煮饭键，**继续加热 20 分钟**即可取出，倒扣在盘中，放凉后切块食用。

蓬松的蛋糕，有股淡淡
的奶香味，尝一口，口感绵
软，入口即化。

荠菜春卷

扫一扫
跟孔瑶做美食

采购单	猪后腿肉 200 克，春卷皮 20 张，荠菜 300 克，鸡蛋 1 个
调　料	盐、食用油各适量，料酒少许

　　猪后腿肉洗净后剁成肉末 图1；锅中倒入适量水，烧开后放入洗净的荠菜，**加盐焯水**，加盐能更好的保持荠菜鲜绿的色泽。

　　捞出荠菜后挤干水分，**晾凉切末** 图2。

　　猪肉末中打入鸡蛋，调入盐和料酒，搅拌均匀，再倒入荠菜末 图3，搅拌均匀。

　　蒸锅中倒入适量水，烧开后放入春卷皮，**蒸 3 分钟左右，将春卷皮蒸软**。在春卷皮上端放适量馅料，翻折上侧春卷皮，再将两边的皮向中间折 图4，卷成长条状 图5。馅料不要放太多，避免油炸时破碎。

　　锅中倒入适量食用油，**小火烧至六成热**后下入春卷 图6，炸至**两面金黄**后捞出，用厨房纸吸取多余油分，即可食用。如果春卷下锅炸后出现散开的情况，可以在未入油锅的春卷收口处抹少许水淀粉。

刚出锅的春卷皮薄酥脆，
馅料丰富，既有一股肉香味，
也夹杂着荠菜的清新。

心太软

扫一扫
跟孔瑶做美食

采购单│红枣 150 克，糯米 50 克

调　料│白糖 30 克

　　糯米洗净，捞出后放厨房纸巾上吸干水分，放通风处晾干。将糯米倒入破壁机中，转速调至 **3 挡**，搅碎成细腻的糯米粉；红枣洗净 图1 。

　　红枣冷水浸泡 1~2 小时，使其表皮变舒展、柔软，取泡好的红枣**纵向切一刀**，沿着刀的切口斜切开口，用刀尖绕着枣核的一端刮一圈，最后用手把枣核抠出 图2 。

　　取温水，**少量多次**倒入糯米粉中，揉面团成"三光状态"。取适量糯米面团，捏成类似枣核形状，但比枣核稍大的小面团，塞入切开的红枣中 图3 。**糯米面团不要太大**，因为糯米面团在蒸熟之后还会膨胀一些。

　　将制作好的食材冷水入蒸锅，**大火蒸 15 分钟** 图4 。另取锅，倒入适量水，放入白糖，熬制成浓稠的糖汁，淋在蒸熟的心太软上 图5 即可。

刚出锅的时候，糯米是非常黏软的状态，冷却后就是甜糯的口感，可以根据个人喜好选择食用的时间。

桂花糖板栗

扫一扫
跟孔瑶做美食

采购单	生板栗 500 克
调 料	白糖 2 勺，蜂蜜 2 大勺，干桂花、食用油各适量

生板栗放清水中洗净，**取出擦干水分**。用剪刀在板栗鼓出来的顶部，剪个一字口 图1 ，注意要**把里面的栗皮剪开** 图2 。

将所有食材放入大碗中，搅拌均匀，保证所有板栗均匀地裹上食用油、白糖、蜂蜜与干桂花 图3 。

烤盘铺油纸，倒入板栗后平铺开 图4 。

定好温度 180℃，预热烤箱 5 分钟，预热结束后将烤盘放入烤箱 图5 上下火 180℃，烤制 20 分钟，烤好后取出来看一下，若板栗开口，颜色变深，到桂花香气则说明烤制成功，如果颜色较浅则再加热 5 分钟。

烤好的板栗要及时取出放在**通风透气**的地方，避免水汽凝结影响口感。

Tips

做桂花糖板栗得挑选优质的板栗：首选色泽饱满有光泽，表面深褐色，且稍微带点红头的；另外要注意一下板栗的绒毛，尽量挑选绒毛多的新栗；可根据个人口味挑选不同形状的板栗，一面鼓、另一面平的板栗味道比较甜，两面都平的板栗，相对来说糖分低一点。

板栗仁的表层覆上一层蜂蜜，零星点缀着些桂花，香甜软糯，口感极佳。

1

2

3

4

红豆炸糕

扫一扫
跟孔瑶做美食

采购单｜糯米粉 300 克，豆沙馅 200 克
调　料｜酵母 3 克，白糖 60 克，玉米油适量

取酵母放温水中溶化 图1，搅拌均匀。将糯米粉倒入碗中，放入白糖，分倒入 2/3 的酵母水 图2，用手搅拌成絮状；再倒入剩余 1/3 的酵母水，**揉成"三光状态"**的面团 图3。

将揉好的面团盖上保鲜膜，室温下静置**发酵约 1 小时**。如果在冬天发酵的话需要放在发酵箱中，设定温度 36~38℃，相对湿度 80%。手心抹少许玉米油，取 2克的豆沙馅，搓成小圆团；取 30 克的糯米面团，将豆沙馅包进糯米团中 图4，捏紧封口，搓圆。

案板上撒少许糯米粉，将包好馅的糯米团放在案板上，用手轻轻压扁，压好后，将糯米饼双面**粘上少许糯米粉**防粘 图5，依次处理剩下的面团。

锅中倒入适量玉米油，烧至**六成热**后下入糯米饼，中火炸至两面金黄即可捞出沥油 图6，放厨房纸上吸去多余的油分后即可食用。炸的时候油温不可过高，一定要**保持中火**，否则容易炸煳。

Tips

使用酵母前需先判断活性：准备小半杯温水，与手温差不多即可，加 5 克干酵母，搅拌均匀，静置观察，若 10 分钟后杯中起泡沫，说明酵母具有活性，可以用作发酵。

酥脆的外壳包裹着甜甜的豆沙馅儿，炸过之后微微鼓起，一个个金灿灿的，看上去诱人极了！

香煎土豆饼

 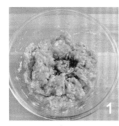   

扫一扫
跟孔瑶做美食

采购单：五花肉250克，土豆1个，鸡蛋1个
调　料：小葱3根，盐、生抽各1小勺，黑胡椒粉少许，食用油、生粉各适量

　　土豆洗净，去皮，**先切丝，后切粒**；五花肉洗净去皮，剁成肉末；小葱切葱花。

　　碗中倒入肉末、盐、黑胡椒粉，再打入鸡蛋**顺着一个方向搅拌**至蛋液被调入生抽 图1 ，继续顺着刚才的方向搅拌。

　　肉馅搅拌均匀后倒入土豆粒和葱花 图2 ，继续搅拌，待均匀后倒入生粉，搅拌至**无干粉状态**。

　　模具放入平底锅中，**刷少许食用油防粘**，放入馅料压平 图3 ，成型后去模具。小火煎至一面金黄后翻面，直至**两面金黄**出锅 图4 。

茶叶蛋

扫一扫
跟孔瑶做美食

单:鸡蛋 8 个

料:茶叶 10 克,盐 2 勺,老抽 20 毫升,八角 3 个,桂皮 2 个,香叶 2 片

鸡蛋洗净,放入锅中,加入没过鸡蛋的凉水 图1,中火煮约 8 分钟后捞出,可以放 1 勺盐,用来凝固表面破损鸡蛋的蛋白。

将煮好的鸡蛋放入凉水中,浸泡一会儿后取出,再将蛋壳轻轻敲裂,使蛋壳碎但完整相连 图2。

另取锅,加入**七分满**的凉水,将敲碎壳的鸡蛋放入锅中,放入八角、桂皮、香叶、老抽、盐 图3,大火煮开。茶叶最好选用**红茶**,久煮无苦涩味,也可用茶末茶叶,按锅的大小适量调整调料用量。

烧开后转小火煮 1 小时左右,等到蛋白颜色变深,闻到香味即可关火 图4。以多煮一会儿,方便入味。

蒸鸡蛋

采购单

鸡蛋 2 个

调　料
盐 1 勺
葱花 1 小把
生抽少许

碗中打入鸡蛋，用筷子划散成细滑的蛋液。打蛋液时注意要把鸡蛋打散，这样蒸出来的口感才会光滑细腻。

水烧开后放凉，倒入蛋液中，边倒边搅拌，**水与蛋液的比例为 2：1**；在蛋液中调入盐 ，边放边搅拌，搅拌均匀后将蛋液过筛倒入碗中 图2。

用勺子将过筛后蛋液表面的浮沫刮掉，这样能保持蛋液无气泡，从而蒸出细腻的口感。盖上保鲜膜 图3，以防止蒸汽水珠滴入蛋液中。

蒸锅中倒入适量水，烧开后放入蛋液 图4，中火蒸 10 分钟后即可出锅，入少许生抽，撒上葱花即可食用。

腌糖蒜

扫一扫
跟孔瑶做美食

将新蒜剥去外层的蒜衣 图1 ，洗净后沥干水分放入碗中，撒适量盐搅拌均
腌制**约20分钟**。取玻璃密封罐用**开水消毒、晾干** 图2 ；取筷子洗净、晾干，
可以保证腌制过程中密封罐中的食材不沾生水，避免变质。

玻璃密封罐中倒入适量凉白开，调入陈醋 图3 ，也可用香醋、米醋、白醋制作，
和色泽会略有差别。倒入白糖、老抽和盐，用晾干的筷子充分搅拌至白糖、盐完全
适量多准备一些酱汁，以保证腌制时糖醋汁始终没过食材。

放入新蒜 图4 ，密封腌制**约1个月**，夏天需放冰箱冷藏，待糖蒜**变色后**即
出食用，腌制时间越久越入味。

采购单

新蒜 400 克

调料

盐 10 克
白糖 200 克
陈醋 70 克
老抽 40 克

图书在版编目（CIP）数据

玩转厨房：做出家常好味道 / 孔瑶编著 . -- 南京：江苏凤凰科学技术
出版社，2018.10（2019.5重印）
（汉竹·健康爱家系列）
ISBN 978-7-5537-9613-0

Ⅰ.①玩… Ⅱ.①孔… Ⅲ.①菜谱 Ⅳ.① TS972.12

中国版本图书馆 CIP 数据核字 (2018) 第 201679 号

凤凰汉竹

中国健康生活图书实力品牌

玩转厨房：做出家常好味道

编 著	孔 瑶
主 编	汉 竹
责 任 编 辑	刘玉锋
特 邀 编 辑	陈 岑
责 任 校 对	郝慧华
责 任 监 制	曹叶平　刘文洋

出 版 发 行	江苏凤凰科学技术出版社
出 版 社 地 址	南京市湖南路 1 号 A 楼，邮编：210009
出 版 社 网 址	http://www.pspress.cn
印 刷	合肥精艺印刷有限公司

开 本	720 mm × 1000 mm　1/16
印 张	13
字 数	240 000
版 次	2018 年 10 月第 1 版
印 次	2019 年 5 月第 2 次印刷

标 准 书 号	ISBN 978-7-5537-9613-0
定 价	39.80 元

图书如有印装质量问题，可向我社出版科调换。